다문화가정을 위한 요리책 —1

온가족이 즐거운

한국밥상

(주) 시너지온 엠쿠킹

이담 Books

책을 펴내며

올해로 한국 내에 체류하는 외국인의 수가 120만을 넘어섰습니다. 외국인의 증가와 더불어 다문화 가정의 비율도 급속도로 증가하고 있습니다. 이에 따라 다문화가정이 어떻게 하면 우리사회의 구성원으로서 안정적으로 적응하고 다 함께 더불어 살아갈 수 있느냐의 문제에 관심이 커지고 있습니다.

예로부터 우리 조상들은 모든 사회와 문화의 시작은 한 가정의 밥상에서 비롯된다고 하였습니다. '밥상머리 교육'이라는 말이 있을 정도로 가족간에 함께 모여서 음식을 먹고 나누는 것은 단순히 먹는 행위를 말하는 것이 아니라 가족간의 이해와 사랑을 돈독히 해주는 일이었습니다.

음식을 만들고, 같이 먹고 나누는 과정을 통해 다문화 가족의 화합을 증진시키고 이주외국인, 특히 다문화 가정의 주부를 자연스럽게 한국 사회의 일원으로 인정받게 하고자 합니다.

지난 5년간 '㈜시너지온'은 요리를 통한 시너지창출 사업의 일환으로 엠쿠킹 요리사이트를 통해 2,000가지의 요리 레시피 개발과 이를 바탕으로 800여 개의 요리 동영상 콘텐츠를 제작해 왔습니다. 2009년, 한국요리를 중심으로 100여 가지의 요리 레시피를 한국어를 포함한 영어, 일어, 중국어, 베트남어, 캄보디아 6개 국어로 번역하여 현재까지 전라남도와 손잡고 전라남도 다문화가정을 위한 요리사이트를 운영하며 각 가정에 다국어 요리 동영상을 제공하고 있습니다. 이는 온라인을 기반으로 하는 사업이기에 아직 컴퓨터와 한국어에 익숙하지 않은 다문화가정에도 혜택이 골고루 돌아갈 수 있도록 다국어 요리책으로 제작하게 되었습니다.

다문화가정 주부들이 언어와 더불어 가장 힘들어 하는 한국음식 만들기의 어려움을 효과적으로 해소할 수 있도록 책을 통해서 자국어로 된 한국요리 레시피를 익히고 동영상을 보면서 요리법을 숙달하여 보다 쉽고 빠르게 한국음식을 배울 수 있게 합니다. 우선 이 책에서는 한국의 일반적인 가정에서 늘 밥상에 오르는 음식을 중심으로 기초적인 밥짓기부터 명절음식, 김치 담그기까지 꼭 배워야 할 요리 25가지를 6개 국어로 실었습니다. 앞으로 더 많은 요리 레시피를 번역하여 시리즈로 제작할 예정입니다.

이 책이 나오기까지 도움주신 모든 분들께 감사의 마음을 전하며, 이 책이 다문화가정의 삶의 질 향상과 한국에 거주하는 외국인들이 한국문화를 이해하는 데 조금이나마 보탬이 되기를 바랍니다.

2011년 8월

㈜시너지온 대표 조항수

Prologue

South Korea is now effectively a global, cosmopolitan society, with the population of non-Koreans residing within its territory reaching 1.2 million. With the rapid increase in the size of the overall non-Korean population, the number of 'multicultural families' or families with non-native members is also on a rapid rise. The key questions in today's Korean society are how to enable these multicultural families to integrate better into the Korean society and how to create a social culture that is more inclusive and multicultural.

Koreans hold a traditional belief that the building block of our society and culture is to be found in the dinner table of each family. Koreans like to speak of 'babsangmeori' or 'dinner table' education to refer to the most basic things and norms of society one must know and follow. Eating together among family members has traditionally been about something more than mere eating: it was considered the best and often the only way of solidifying the understanding and love among the family members. At M-Cooking, we hope to help bring peace and stability to multicultural families and facilitate the integration of non-native housewives of these new families into the larger Korean society by sharing with them the most essential parts of Korean cuisine and culture.

For the last five years or so, Synergy On has been developing over 2000 original recipes and innovative video lessons on over 800 of those recipes through the M-Cooking website. The company first launched over 100 such video lessons on mostly Korean, but also other, recipes and made them available not only in Korean, but also in English, Japanese, Chinese, Vietnamese and Cambodian in 2009. In the same year, the company signed an agreement with the Province of Jeollanam-do to create and run an online cooking site for multicultural families in that province, and has been providing multilingual video cooking lessons for each of those families ever since. Since the venue of these recipes and lessons was limited to the computer only, with which many non-native housewives were not familiar, we came to decide to publish a cookbook in multiple languages.

Our aim is to help non-native housewives of these multicultural families learn key Korean recipes and practice their cooking with easy-to-follow video lessons, since Korean cooking is, along with the Korean language, the most difficult task that they must master. This cookbook introduces many of the widely popular and beloved standard Korean dishes one would find at any home. Furthermore, it provides insights and tips on the most fundamental techniques of Korean cooking, including steaming rice, making kimchi, and preparing for holiday feasts. The 25 recipes in 6 languages contained in this cookbook mark only the beginning: we plan to translate many other recipes into more languages in the future and make them available in book forms as well.

I thank everyone who has helped us publish this book. It is my sincere wish that this book would help to enrich the quality of life for many multicultural families and help non-Koreans understand Korean culture better.

Hang soo Cho CEO, Synergy On Inc.

August, 2011

차례

 # 한국음식 조리의 기본

올바른
계량법과
필요한 도구들

1. 계량스푼

4Pcs 계량스푼

양쪽 계량스푼

1T (Table spoon / 큰술) = 15ml = 15cc
1t (tea spoon / 작은술) = 5ml = 5cc

 1t을 1T의 반(½)이라고 생각하기 쉽지만, 1t은 1T의 삼분의 일(1/3)입니다.

액체 계량하기

간장, 식초와 같은 액체는 가장자리가 넘치지 않을 정도로 계량합니다.

가루 계량하기

설탕처럼 입자가 작은 것은 수북이 떠서 젓가락 등을 이용하여 밀어서 계량 하고 소금, 고춧가루 등 입자가 큰 가루의 계량은 싹 깎아 버리면 정확하게 계량이 되지 않기 때문에 젓가락 등을 이용하여 사진처럼 두드리듯이 밀면서 계량하면 됩니다.

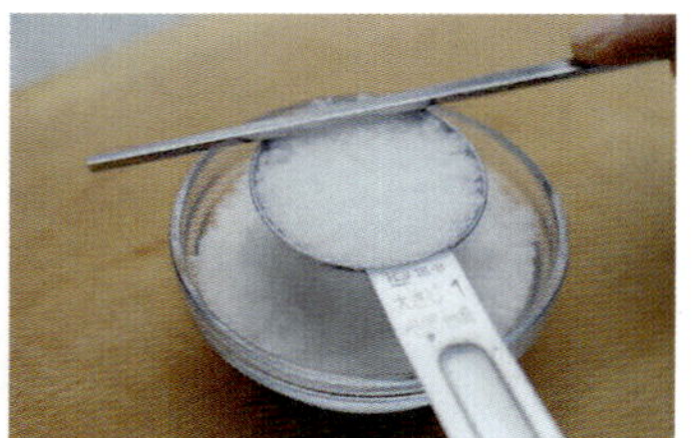

계량스푼 대신 숟가락으로 계량할 경우 (1T)

소금 등 입자가 굵은 가루 :
깎아서 2개

설탕, 밀가루 등 입자가 고운 가루 :
수북히 담아서 1개

간장 등 액체류 :
찰랑찰랑하게 담아서 2개

레시피에서 '조금'이란?

소금은 엄지와 검지로 집은 양

후추는 2~3번 톡톡 친 양

통후추는 3~4번 갈아 준 양

2. 계량컵

150cc까지 표기된 경우

200cc까지 표기 된 경우

1컵 = 200cc = 200ml

  = 계량컵 안쪽에 150cc까지 표시가 되어 있으면 계량컵에 넘치지 않을 정도 담기

  = 계량컵 안쪽에 200cc까지 표시가 되어 있으면 200cc라고 표시된 부분까지 담기

 액체, 가루 계량하는 방법은 계량스푼과 동일합니다.

계량컵 대신 우유팩, 종이컵을 사용할 경우

1컵 = 200ml
200ml 우유팩 접히는 부분까지
종이컵 가득 채워서

3. 저울

가정에서 편리하게 사용 할 수 있는 저울로 눈금저울과 디지털 저울이
있습니다.

눈금저울   디지털 저울

4. 그 밖의 계량단위

1근 = 600g(고기)
1근 = 400g(야채)
1관 = 3,750g

1 pound = 454g
1 pint = 2 cup
1 quart = 4 cup
1 gallon = 16 cup
1 OZ = 28.3g = 30ml

센불

냄비바닥 전체에 파란 불꽃이 골고루 닿는 정도

 불꽃이 냄비 바닥을 넘어가면 너무 센불입니다.

중불

불꽃과 냄비 바닥 사이에 0.5cm가량의 틈이 있는 정도

약불

불꽃과 냄비 바닥 사이에 1cm가량의 틈이 있는 정도

꽃불

불꽃이 꺼지기 전의 불

깍둑썰기
대각선 양방향 칼집 내기
도톰한 네모썰기
다지기
돌려깎기
동글게 썰기
똑똑썰기
반달썰기
송송썰기
어슷썰기
나박썰기
편썰기
채썰기 – 가늘게
채썰기 – 중간 굵기
채썰기 – 굵게

1. 다시마 국물 만들기 – 다시마 10g + 물 6컵

다시마에 물을 붓고 30분 정도 담가 두었다가 불에 올려 끓인다. 끓기 시작하면 바로 다시마는 건져내고 국물을 사용한다. 무나 북어머리를 같이 넣고 끓이면 시원하고 진한 국물을 낼 수 있는데, 다시마를 건진 후 무나 북어머리는 10~15분 정도 더 끓여서 건진다.

2. 멸치다시마 국물 만들기 – 멸치 15g + 다시마 5g + 물 6컵

큰 국물 멸치는 내장을 제거한 후(중간 사이즈 정도는 그냥 사용한다) 쿠커에 넣고 수분이 날아가게 볶아 준 후, 다시마와 물을 붓고 끓인다. 끓기 시작하면 다시마는 건져 내고 10분 정도 더 끓인 후 걸러서 사용한다. 멸치를 볶아서 사용하면 멸치 비린내를 없애고, 진한 국물을 낼 수 있다. 무, 양파, 대파 이파리 등을 넣고 끓여도 좋다.

3. 쇠고기 육수 만들기 – 사태(양지머리) 150g + 물 6컵 + 대파 1대+ 마늘 5쪽

쇠고기는 찬물에 한 시간 정도 담가 핏물을 빼고, 쿠
커에 쇠고기, 물, 대파, 마늘을 넣고 중불에서 끓이
다가 끓으면 약불로 줄여 30분 이상 푹 끓인다. 기름
종이나 키친타월에 걸러서 기름기를 제거하고 사용한
다. 육수 낸 고기는 편으로 썰거나 찢어서 국이나 찌
개에 사용한다.

4. 닭고기 육수 만들기 – 닭 반마리 + 물 6컵 + 대파 1대 + 양파 반 개 + 통후추 조금

닭은 깨끗이 씻어서 쿠커에 닭, 물, 대파, 양파, 후추를 넣고 중불에서 끓이다가 끓으면 약불로 줄여 30분 이상 푹 끓인 후 기름종이나 키친
타올에 걸러서 기름기를 제거하고 사용한다.

# Basics of Korean Cooking

1. Measuring Spoons

1T (Table spoon) = 15ml = 15cc
1t (tea spoon) = 5ml = 5cc

4pcs Measuring Spoons   Double-End Measuring Spoons

 1t equals about 1/3 of 1T, not ½ of 1T.

Measuring Liquids

When measuring liquids such as soy sauce and vinegar, make sure they do not flow over the edge of the spoon.

Measuring Powder

If you are measuring such powder as sugar with small particles or grains, heap it in the measuring spoon and discard the excessive portion using tools like chopsticks. If you are measuring such powder as salt or ground chili pepper with big particles or grains, tap on the powder with chopsticks before slicing the excessive portion off.

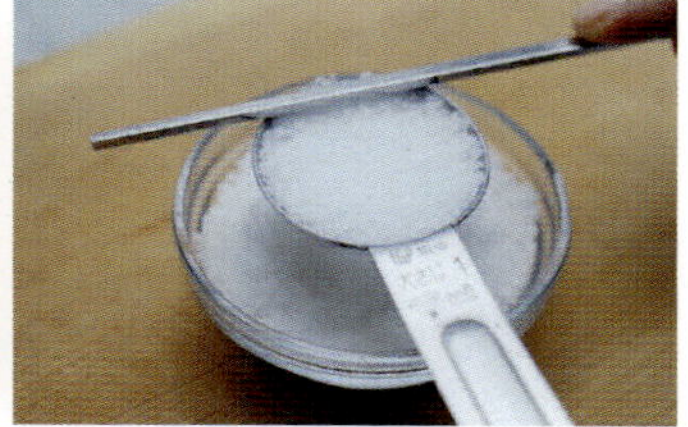

If you are using normal spoons instead of measuring spoons (1T)

Powders with big grains (e.g., salt): 2 spoons, with excessive portions sliced off

Powders with small grains (e.g., sugar, flour): 1 spoon, with the excessive heap intact

Liquids (e.g., soy sauce): 2 spoons, with the liquid filling up the spoon to the edge.

How much does 'a little bit' in a recipe mean?

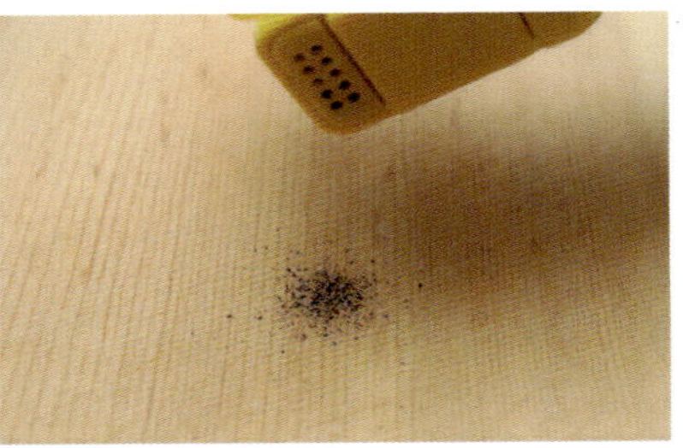

Salt: the amount you can grab in a pinch

Ground black pepper: 2 ~ 3 taps

Whole black pepper: grind the pepper mill 3 ~ 4 times

2. Measuring Cups

Maked up to 150cc

Maked up to 200cc

1 cup = 200cc = 200ml

= If '150cc' is written inside the cup, pour the liquid or the powder until it overview.

= If '200cc' is written inside the cup, pour the liquid or the powder until it reaches that mark.

 The same rules applying to measuring spoons also apply to the measuring cups in measuring liquids and powders.

If you are using a paper cup or an empty milk carton instead of a measuring cup:

1cup = 200ml
Up to the folding line in a 200ml
milk carton
Full of a paper cup

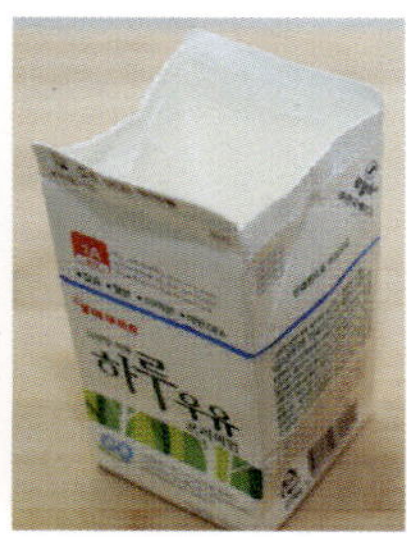

3. Scales

You may use either a scale with a circle of numbers or a
digital scale at home.

Scale with a
numerical board

Digital scale

4. Other Common Measures

1 geun (meat) = 600g
1 geun (vegetables) = 400g
1 gwan = 3,750g

1 pound = 454g
1 pint = 2 cups
1 quart = 4 cups
1 gallon = 16 cups
1 OZ = 28.3g = 30ml

Strong Heat

The blue flame reaches all throughout the bottom of the pot.

 If the flames reach outside the bottom of the pot, the heat is too strong.

Medium Heat

There is a space of about 0.5cm in width between the pot and the flames.

Low Heat

There is a space of about 1cm in width between the pot and the flames.

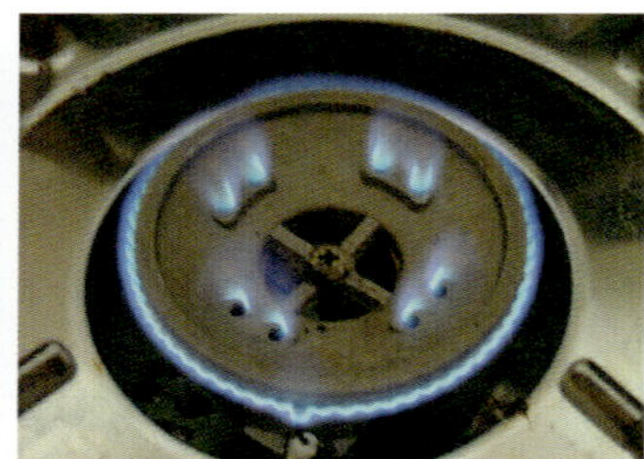

Very Low Heat

Heat reduced to such a state as to be barely flaming.

Cutting into cubes

Making diagonal lines with knife

Cutting into thick rectangular shapes

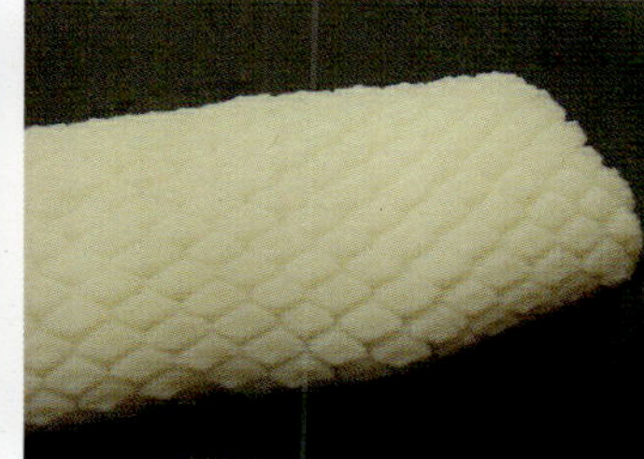

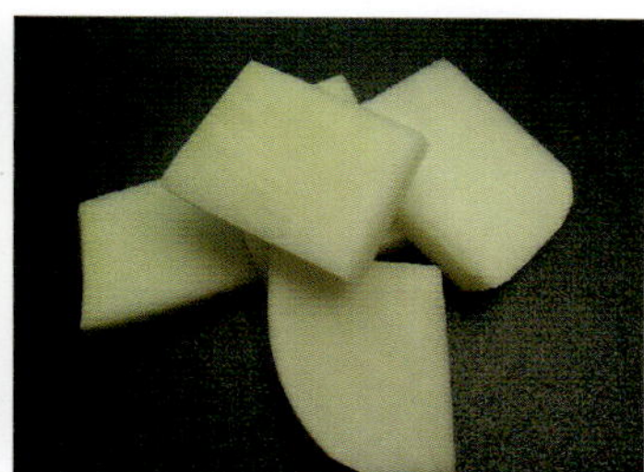

Mince

Peel while rotating the ingredientin hand

Cut into circular shapes

Cut into cubes

Cut into half—moon shapes

Cut into small/thin pieces

Cut the ingredient in slants

Cut into thin, rectangular shapes

Slice into thin pieces

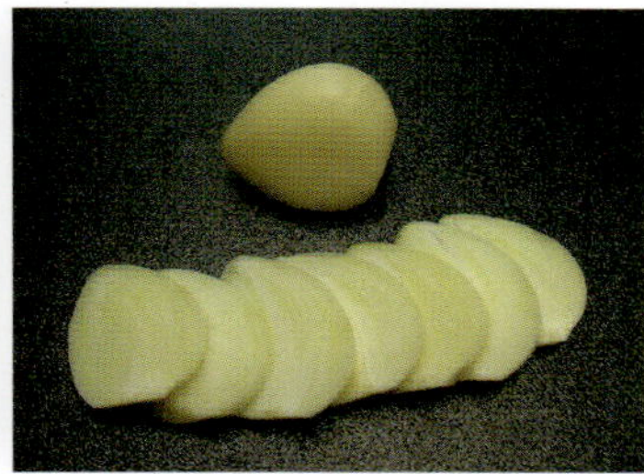

Chop into thin pieces

Julienne

Chop into thick pieces

1. Kelp Stock — Dried kelp 10g + Water 6 cups

Soak the dried pieces of kelp in water for half an hour. Bring it to a boil. When the mixture begins to boil, take out the kelp and you can use the broth as a common soup stock. You can enrich the taste of the broth by adding radishes or the heads of dried pollocks. Leave the radish and the heads of dried pollocks for 10 ~ 15 more minutes boiling after taking out the kelp.

2. Dried Anchovies and Dried kelp stock — Dried anchovies 15g + Dried kelp 5g + Water 6 cups

If you have big dried anchovies, remove internals from them. (If the anchovies are of medium sizes, you can skip this part.) Put them into a pot and parch them until they are completely dry. Add a piece of dried kelp and water and bring them to a boil. Once the water starts to boil, take out the kelp and boil the remaining ingredients for 10 minutes or so. Parching the dried anchovies is the key to a richer and cleaner-tasting broth. You may add radishes, onions, leeks and so forth in boiling.

3. Beef Stock — Brisket of beef 150g + Water 6 cups + Leek 1 + Garlic 5 cloves

Soak the beef in cold water for about an hour to rid it of blood. Put the beef along with the leek and the garlic and water in a pot and start boiling them at a medium heat. Once the mixture starts to boil, reduce the heat to low and boil for at least 30 more minutes. Drain the broth of excessive fat and oil through either filtering paper or paper towel. You can slice or tear with hands the boiled beef and add it along with the broth to soups and stews.

4. Chicken Stock — One-half of a whole chicken + Water 6 cups + Leek 1 + onion (one-half), A bit of whole black pepper

Wash the chicken thoroughly in water. Put all the ingredients together in a pot and start boiling them at a medium heat. When the mixture starts to boil, reduce the heat to low and drain it of excessive fat and oil using either filtering paper or paper towel.

엠쿠킹 요리 동영상은 10년간 2,000여 가지의 레시피 개발을 바탕으로 800여 가지의 한식, 일식, 중식, 양식 등 다양한 레시피를 영상화 하였습니다. 이 중 100여 가지의 레시피를 다국어로 번역하여 쉽게 요리도 배우면서 한국어도 익힐 수 있는 시스템을 갖추었습니다.

Based on more than 10 years of its experience in developing over 2000 original recipes, M-Cooking has developed video lessons of over 800 recipes of various Asian cuisines, including Korea, Japanese, Chinese and even some Western. One hundred or so of these recipes have also been translated into multiple languages so as to help you learn both Korean cooking and the Korean language at the same time.

다국어 온라인 요리강좌 보는 법

How to watch video lessons and recipes available in multiple languages:

1. 엠쿠킹 사이트에 접속 (www.mcooking.co.kr)

1. Visit the website for M-Cooking at www.mcooking.co.kr.

2. 다국어 온라인 요리강좌 선택

2. Go to 'Online Cooking Lessons in Multiple Languages.'

3. 카테고리별 요리 선택

3. Choose the category of recipes or cooking you are interested in.

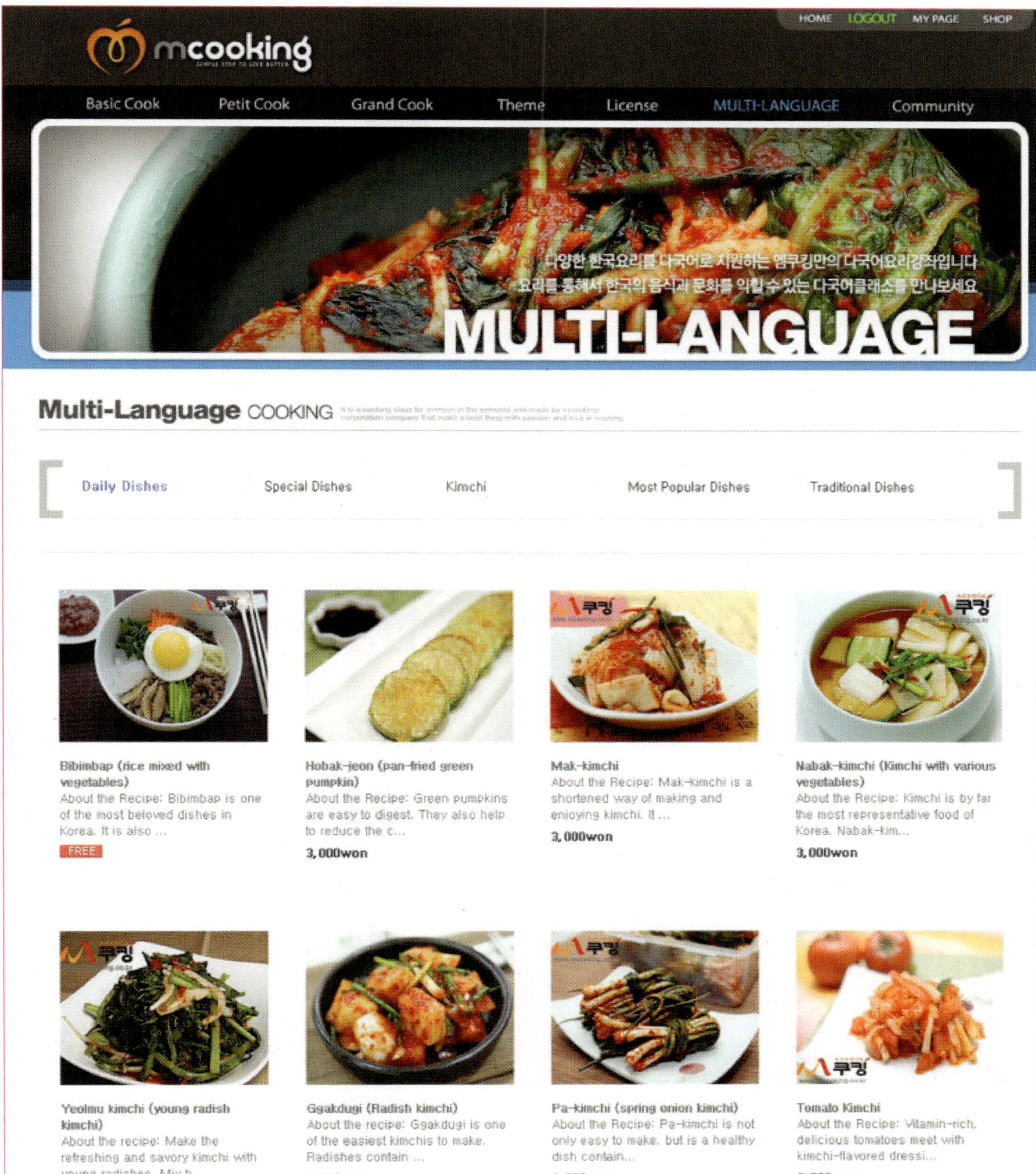

4. 요리재료와 단계별 사진이 있는 레시피를 한 페이지로 볼 수 있습니다.

4. Clicking on the category will show you a group of recipes which include lists of ingredients needed and photographs of the cooking process stage by stage.

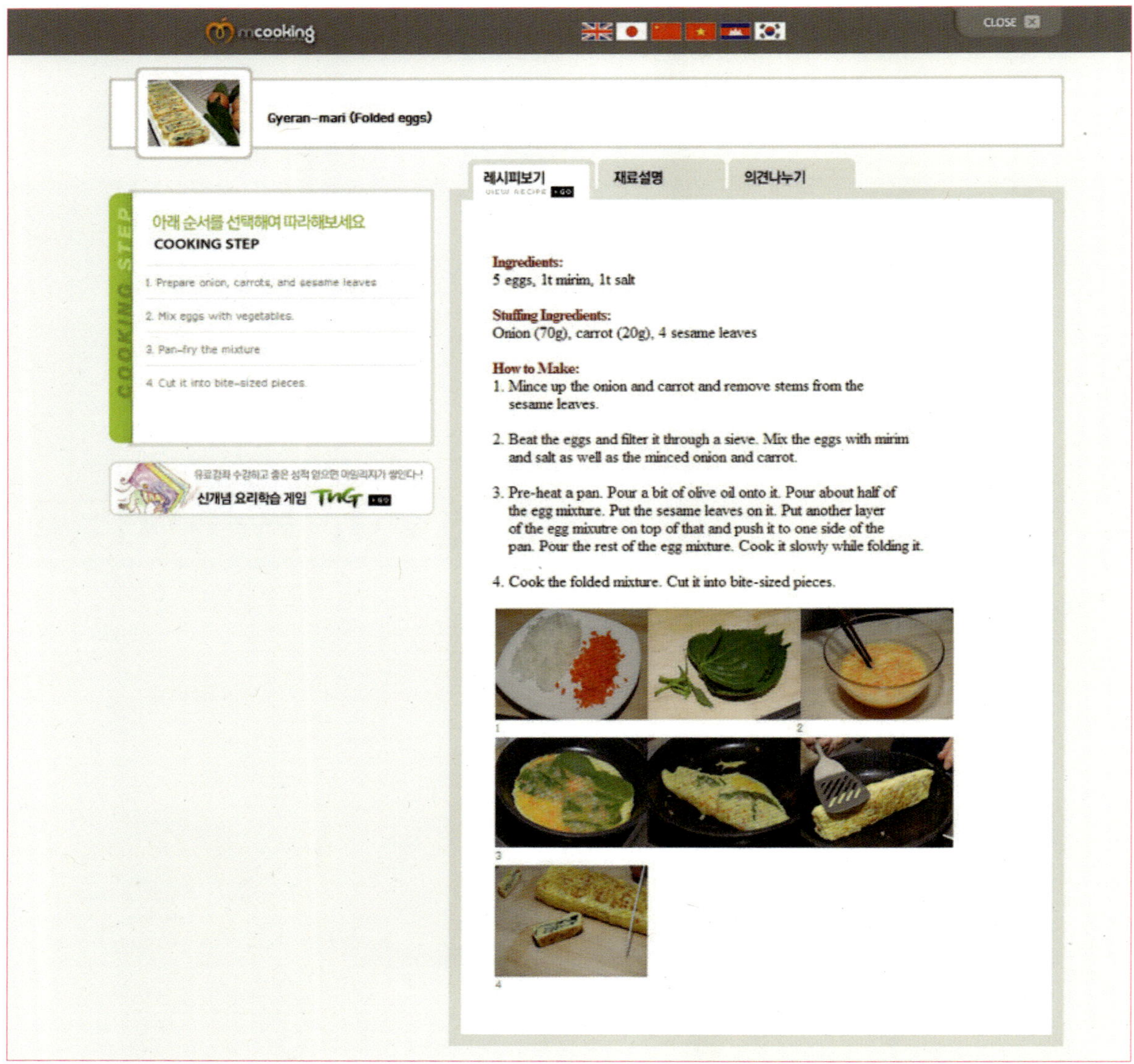

5. 요리과정을 단계별로 영상화하여 이해도가 높으며 필요한 단계만 반복 학습할 수 있어 편리합니다.

5. The visual images of the cooking process will help you understand cooking much more easily and also allow you to repeat only the parts you need to practice.

6. 각 단계마다 중요한 포인트를 티칭 팁으로 제시하여 요리의 이해를 높여줍니다.

6. Each stage in the lesson will suggest a few valuable tips essential to great cooking.

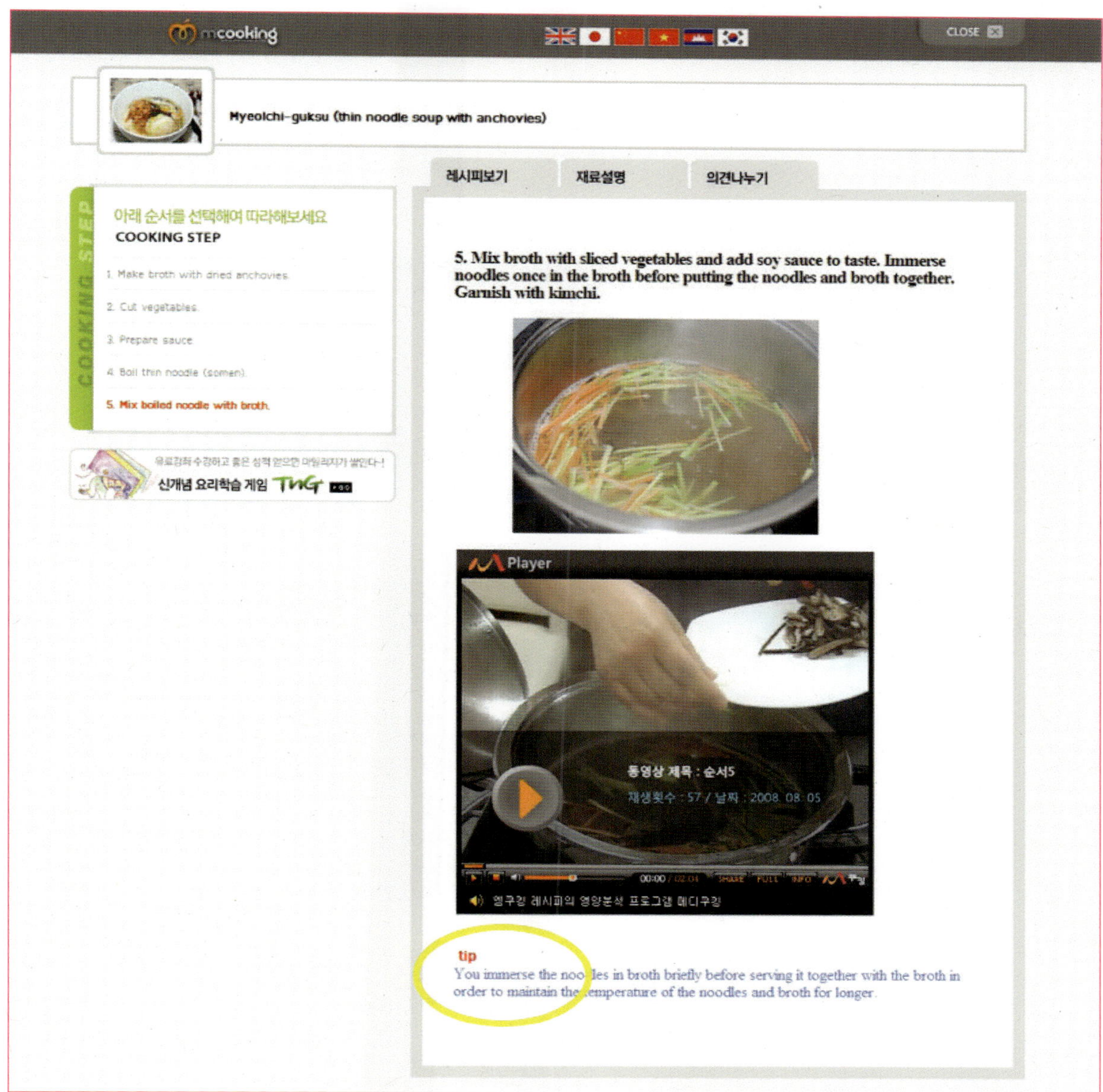

7. 요리별 의견나누기 게시판이 있어 음식을 하면서 궁금한 점이나 아이디어를 기록하고 공유할 수 있습니다.

7. The Bulletin Board will allow you to ask questions, write comments, and share your thoughts and experience with other users.

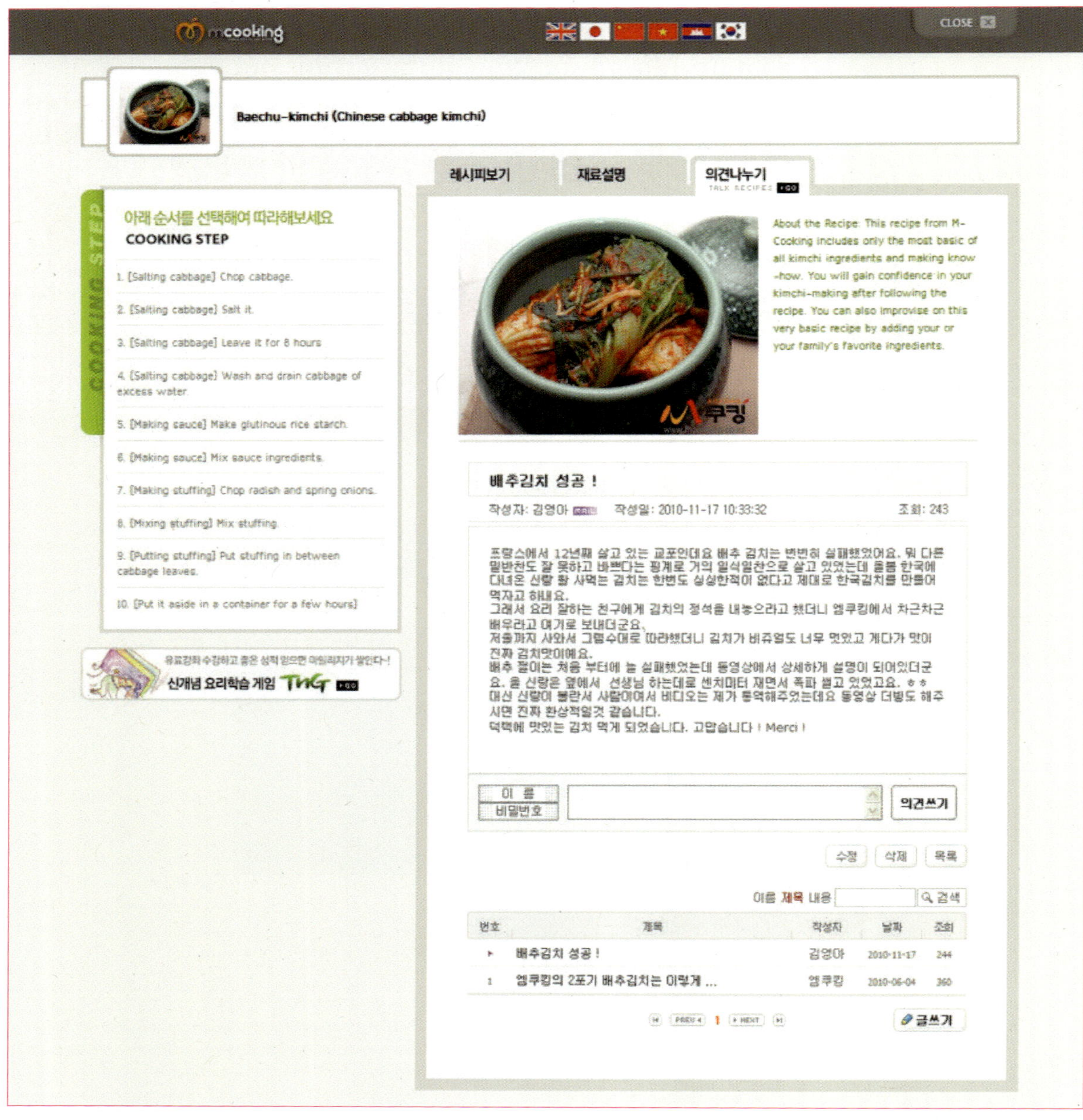

8. 요리별 TnG요리게임으로 요리동영상으로 배운 요리를 게임을 통하여 테스트하고 숙달할 수 있는 신개념의 요리 학습 프로그램입니다. (특허등록 제 10-0971400호)

8. The TnG game for each recipe provided is a new way of learning cooking (Patent # 10-0971400) that allows you to practice what you have just learned from the video cooking lessons and to test your knowledge.

9. 재료선택게임, 과정선택게임, 요리퀴즈게임
9. Ingredient Choosing Game, Process Choosing Game, Cooking Quizzes

기본음식

- 밥짓기 Bab(Steamed Rice)　ご飯　米饭　CƠM　បាយ
- 미역국 Miyeok-guk(Sea Mustard Soup)　わかめスープ　嫩海带汤　SÚP RONG BIỂN　មឹឃុកគុក (ស៊ុបសារាយសមុទ្រ)
- 콩나물국 Congnamul-guk(Bean Sprout Soup)　大豆もやしスープ　豆芽汤　CANH GIÁ　យុងណាមុលគុក
- 된장찌개 Doenjang-jjigae(Bean-Paste Stew)　味噌チゲ　酱汤　CANH TƯƠNG　តុងចាងជីគេ (សំលគ្រឿងសណ្ដែក)
- 김치찌개 Kimch-jjigae(Kimch Stew)　キムチチゲ　泡菜汤　CANH KIM CHI　គីមឈីជីគេ (សំលគីមឈី)

밥짓기

Bab　ご飯　米饭　CƠM　ဘတ်

밥짓기

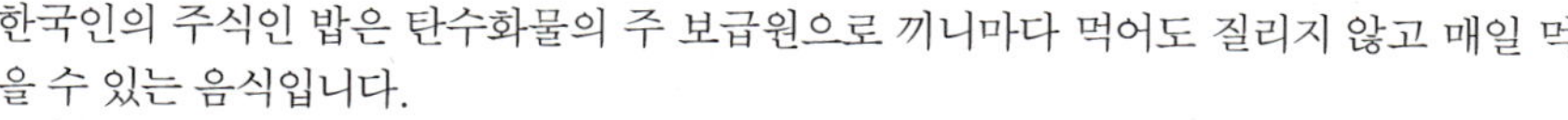

한국인의 주식인 밥은 탄수화물의 주 보급원으로 끼니마다 먹어도 질리지 않고 매일 먹을 수 있는 음식입니다.
쉬운 듯해도 어려운 밥짓는 방법을 쌀 씻는 것부터 물 잡는 법까지 배워보겠습니다.

■ **재료**

쌀 2컵, 물 480cc

■ **Tip!**

쌀은 이물질이 없고 쌀알에 광택이 나면서 맑은 것을 고릅니다. 모양이 균일하고 금이 가거나 싸라기가 없는 것이 좋은 쌀이며, 도정일자가 표기된 것이라면 더욱 좋습니다.

■ **만드는 법**

1. 쌀은 깨끗이 씻어서 체에 받친다.
2. 쿠커에 쌀을 넣고 분량의 물을 부어 20분간 불린 후 중불로 올려 끓기 시작하면 약불로 줄여 밥물이 거의 없어지면 그대로 10분 정도 뜸을 들인다.
3. 밥이 다 됐으면 위아래를 잘 섞어서 그릇에 담아낸다.

■ **Tip!**

■ 세 번째 쌀을 씻은 물을 받아(쌀뜨물) 된장국이나 찌개를 할 때 넣어주면 더욱 맛있는 국이나 찌개를 만들 수 있는데, 쌀뜨물에는 전분과 수용성 단백질, 지방, 섬유소 등이 섞여 있어 그렇습니다.

■ 쌀을 불려서 밥을 하면 쌀알 내부가 골고루 호화되어 찰기와 탄력이 있는 부드러운 밥을 만들 수 있습니다. 뚝배기에 밥을 할 경우에는 쌀의 1.5배 정도 물을 넣고 하는데, 이는 수분이 증발하는 것을 감안해서 일반 냄비보다 물을 더 넣어주는 것입니다.

■ 다 된 밥은 그냥 두면 떡처럼 뭉쳐지므로 주걱으로 아래위를 섞어줘야 합니다.

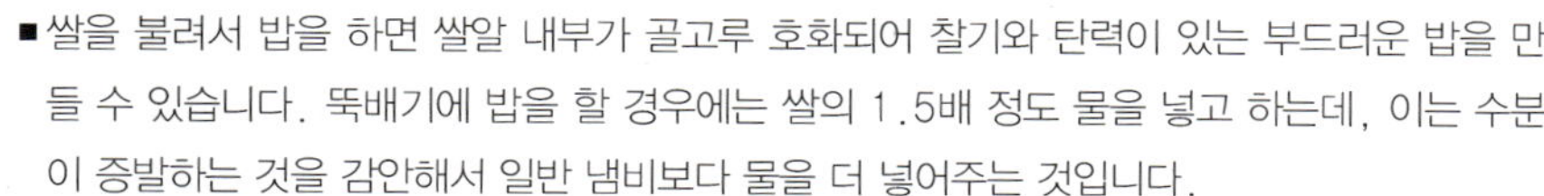

Bab (Steamed Rice)

Rice, a staple of the Korean diet, is a main source of carbohydrates that Koreans eat almost with every meal on a daily basis. It is more difficult to steam rice than it seems. You can learn many things about steaming rice, starting with how to measure and how to use the exact amount of water.

■ Ingredients

2 cups rice, 480ml water

■ Tip!

Choose grains of rice that are shiny and almost translucent. There must be no dirt amongst the rice before cooking. Rice whose grains is even-sized and has no scratches or has no broken parts is good rice. It is recommended that you use rice whose polishing date is clearly indicated on the package.

■ How to Make

1. Wash rice thoroughly and drain water through a strainer.
2. Place the rice into a rice cooker. Leave the rice in water for 20 minutes. Start steaming at a medium heat. Once the rice starts boiling, lower the heat. When the water has almost been absorbed, leave the rice on a low heat for 10 minutes.
3. Mix rice well before serving them in bowls.

■ Tip!

■ Choose grains of rice that are shiny and almost translucent. There must be no dirt amongst the rice before cooking. Rice whose grains is even-sized and has no scratches or has no broken parts is good rice. It is recommended that you use rice whose polishing date is clearly indicated on the package.

■ Soak the rice in water for some time before cooking it. It makes steamed rice all the more glutinous and tasty. When steaming rice in ddukbaeki (a traditional Korean-styled earthen pot), mix rice and water in a 1:1.5 ratio. More water is required when steaming rice in ddukbaeki because the water is likely to boil and flood.

■ Do not leave steamed rice completely unstirred. Stir it up and down with a spatula, or it will solidify.

 CƠM

Gạo nếp là thực phẩm chính của người Hàn Quốc. Nó là nguồn cung cấp tinh bột chủ yếu mà người Hàn Quốc dung trong bữa ăn hàng ngày. .

Dường như nấu cơm khó hơn chúng ta nghĩ. Bạn có thể học được nhiều điều về nấu cơm, bắt đầu bằng cách làm thế nào để nh và sử dụng lượng nước chính xác.

■ Thành phân

2 chén gạo, 480mL nước.

■ Tip!

Chọn hạt gạo bóng và sáng, nên vo gạo sạch trước khi nấu. Hạt gạo đều và không có hạt vỡ. Nên dung gạo trước ngày "gạo được chà vỏ trấu" đã được ghi trên bao bì.

■ Cách làm

1. Vo gạo sạch và để ráo nước.
2. Đổ gạo vào nồi. Ngâm gạo trong nước khoảng 20 phút. Bắt đầu để lửa vừa. Khi gạo bắt đầu sôi, giảm lửa. Khi nước đã cạn, để lửa nhỏ khoảng 10 phút.
3. Đảo cơm đều trước khi cho vào bát.

■ Tip!

■ Giữ lại phần nước gạo mà bạn đã vo lần thứ 3, bạn có thể sử dụng nước vo gạo để làm món súp hoặc làm món hầm. Nước vo gạo làm các món ăn này ngon hơn vì trong thành phần của nó có chứa tinh bột, chất đạm hòa tan, chất béo và chất xơ.

■ Xóc gạo kỹ trong nước một chút trước khi nấu sẽ làm cơm của bạn dẻo và ngon hơn. Khi nấu cơm trong ddukbaeki (một loại nồi đất truyền thống của Hàn quốc), đổ gạo vào trong nước theo ti lệ 1:1.5 hoặc hơn nếu cần thiết.

■ Khi cơm chín, nên đảo cơm nhiều lần để cơm không bị vón lại.

បាយ

បាយ គឺជាអាហារចាំបាច់សំរាប់ប្រជាជនភូមិ
ហើយគឺជាប្រភពទំបងនៃការបានអ្វីប្រាក ដែលប្រជាជនភូមិ
តែងទទួលមានជារៀងរាល់ថ្ងៃ។
ការដាំបាយមានការពិបាកបាងការគិតរបស់យើង។
អ្នកអាចរៀនបានច្រើន ផ្នែកពីការដាំបាយ
ដោយចាប់ផ្ដើមពីការរាល់ និង ប្រើប្រមាណទឹក។

■ គ្រឿងផ្សំ
អង្ករ ២ កំប៉ុង ទឹក ៤៨០ មល

■ Tip!

ប្រើអង្ករណាដែលលក្ខណៈហើយធ្លា។ ត្រូវច្បាស់ថា មិនមានលំអងធូលីនៅក្នុងអង្ករទេ មុននឹ
ងដាំបាយ។ អង្ករដែលមានទំហំប៉ុនគ្នា ហើយមិនមានស្នាមឆ្អូត រឺ ដាច់ គឺជា ប្រភេទ
អង្ករដែលល្អ។អ្នកគួរតែប្រើអង្ករដែលមានកាលបរិច្ឆេទកិនច្បាស់លាស់នៅលើក ញ្ចប់។

■ របៀបធ្វើ

1. លាងអង្ករអោយស្អាត រួចចាក់ទឹកចេញដោយប្រើកន្ត្រង។
2. ដាក់អង្ករទៅក្នុងឆ្នាំងដាំបាយ រួចទុករយៈពេល ២០នាទី។ចាប់ផ្ដើមដាំបា
   យដោយប្រើភ្លើងមធ្យម។ បន្ថយភ្លើងនៅពេលដែលបាយពុះ។ ពេលដែលទឹ
   កជិតស្ងួតអស់ទុកបាយនៅលើភ្លើងតូចរយៈពេល ១០នាទី។
3. ជួយបាយអោយសព្វ សឹមដួសដាក់ចាន។

■ Tip!

- ទុកទឹកលាងអង្ករទឹកទី ៣។ ប្រើទឹកអង្ករនោះសំរាប់ស្ងោរស៊ុបឌុនចាងៗ។ ទឹកអង្ករ
  នឹងធ្វើអោយស៊ុបមានរសជាតិឆ្ងាញ់ដោយសារវាមានជាតិម្សៅប្រែតអ៊ុំដែលលោ
  យក្នុងទឹក និង ជាតិសរសៃ។

- ត្រាំអង្ករនៅក្នុងទឹកមួយស្របក់ មុននឹងចំអិន។ វានឹងធ្វើអោយបាយស្ងិត និងមាន
  រសជាតិឆ្ងាញ់។ នៅពេលដែលដាំបាយដោយប្រើតុកពេតី (ឆ្នាំងដីបែបបកូរ) លាយ
  អង្ករ ជាមួយទឹក ដោយប្រើលផ្ទៀប ១:១៥។ គេត្រូវការដាក់ទឹកច្រើនបន្តិចនៅ
  ពេលដែលដាំបាយ ដោយប្រើតុកពេតី ព្រោះទឹកនឹងពុះ ហើយហៀរចេញមកក្រៅ។

- កុំទុកបាយអោយឈ្ពិន ដោយមិនបានជួយ។ ជួយបាយចុះឡើងដោយប្រើវែកតុំ
  នោៈ ទេបាយនឹងឡើងរឹង។

미역국

Miyeok-guk　わかめスープ　海带汤
SÚP RONG BIỂN　មីយុកគុក

미역국

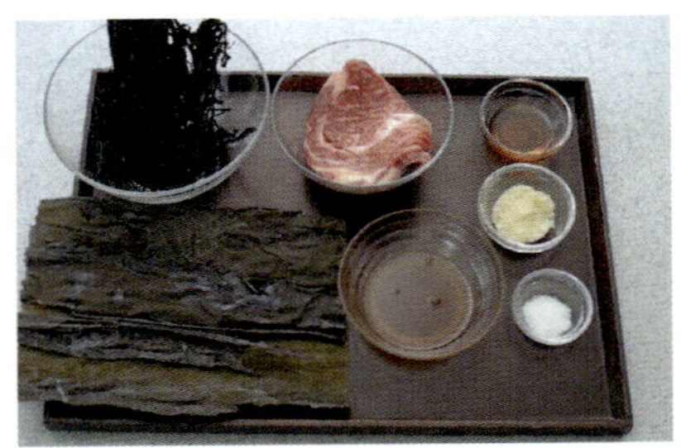

한그릇 먹고 나면 속이 따뜻해지고, 갈증과 한기, 허기가 없어지는 미역국은 산모와
성장기 아이들에게 좋으며 다이어트에도 좋은 메뉴입니다.

■ 재료

마른미역 30g, 쇠고기 등심 200g, 참기름 15g (1T), 다진마늘10g (1T)
다시마물: 물 2리터 (10컵), 다시마 30g
양념: 국간장 60g (4T), 소금 3g (1t)

■ Tip!

강한 알칼리성 식품인 미역에는 미네랄, 칼슘, 칼륨, 요오드가 풍부한데 그 중 칼슘은 함유
량이 뛰어나 분유와 맞먹을 정도로 들어있습니다.
칼슘은 골격과 치아형성에 필요한 성분이며, 산후에 자궁수축과 지혈의 역할을 하며 요오드
는 신진대사를 증진시키고 부종을 내리는 효과가 있어 산후 조리음식으로 알려져 있습니다.
또한 미역에 들어있는 식물 섬유는 변비를 해소하고, 암을 예방하는 데도 효과가 있다고 합니다.
미역을 고를 때는 만져보아 잡티가 없으며, 검푸른 빛이 고르게 보이면서 두꺼운 것이 좋은
것이며 눅눅하지 않고, 잘 마른 것을 고릅니다.

■ 만드는 법

1. 쿠커에 다시마물 재료를 넣고 30분 둔 다음 불에 올려 끓기 시작하면 다시마를 건지고 불
   을 끈다.
2. 쇠고기는 먹기 좋은 크기로 썰고 미역은 물에 불려 깨끗이 씻은 후 먹기 좋은 크기로 자른다.
3. 쿠커에 쇠고기, 참기름, 다진마늘을 넣고 볶다가 미역을 넣고 볶은 후 다시마물을 넣고 끓
   이다가 양념을 넣고 한소끔 끓인다.

■ Tip!

■ 다시마물로 국물을 하기 때문에 국 맛이 더욱 깊고 맛있습니다. 다시마는 오래 끓이면 다시
  마의 좋은 성분을 다시마가 도로 흡수하기 때문에 물에 불렸다가 끓기 시작하면 건져 내는
  게 좋습니다.
■ 마른미역은 찬물에 부드럽게 불려서 사용해야 하는데, 물을 듬뿍 부어 그대로 10~15분쯤 두
  면 약 14배로 불어나므로 마른 미역인 상태에서는 양을 잘 가늠해서 불려야 합니다. 바락바락
  주무르면 거품이 나면서 미끈거리는 점액이 빠지는데, 물이 맑아질 때까지 여러 번 주물러 씻어
  야 하며, 대충 한두 번만 씻어서 국을 끓이거나 무침을 하면 비릿한 냄새도 나고 맛도 덜합니다.

Miyeok-guk (Sea Mustard Soup)

Sea mustard soup greatly warms your stomach and heart and quenches your hunger and thirst. It is recommended for every mother as well as child growing up. It is also said to help with losing weight.

■ Ingredients

30g dried sea mustard, 200g beef sirloin, 1T sesame seed oil (15g),
1T minced garlic (10g)
For stock: 10 cups water (2L), 30g kelp
Seasoning: 4Tbsp soup−soy sauce (60g), 1t salt (3g)

■ Tip!

Sea mustard is a strong−alkaline ingredient that contains abundant amounts of minerals, including calcium, potassium, and iodine.
The calcium content in sea mustard is almost equal to that of powdered milk.
Calcium is essential for forming and enhancing the bone structure and teeth.
It is also needed to help the uterus contract and stop bleeding after a woman gives birth.
Iodine stimulates the metabolism and reduces swelling.
Sea mustard has long been used to help women who have just given birth to recover.
When you buy sea mustard, choose the ones that have no stains, that are evenly blackish−green in color, that are thick and solid, and that are well−dried.

■ How to Make

1. Put the stock ingredients into a deep pot. Leave them for 30 minutes. Turn the heat on. Once the water starts boiling, take the kelp out and turn the heat off.
2. Chop the beef into bite size chunks. Leave dried sea mustard in water for some time so that it soaks up some water. Cut sea mustard into bite s ze chunks as well.
3. Stir−fry beef, sesame seed oil, and minced garlic in the pot for some time. Add sea mustard. Then add stock and the seasoning. Boil it well.

■ Tip!

■ Adding kelp to the broth makes it even richer and more delicious.
  Do not over−boil kelp, or it will re−absorb all the nutrients it has been given.
  Soak it in water before boiling it and take it out once the water comes to boil.
■ You have to soak and soften dried brown seaweed before making soup with it. Dried brown seaweed increases fourteen−fold in amount after 10 ～ 15 minutes of soaking in water. Make sure you use only a small amount of dried seaweed.
  Wash the seaweed in water several times. It will start giving out a mucous liquid when you squeeze it. You have to wash it until it no longer gives out such a liquid. Otherwise, the finished soup or salad will taste fishy and will not be tasty enough.

わかめスープ

一杯飲むとお腹が温まり、のどの渇きと寒気、空腹感がなくなるわかめスープは産母と成長期の子供たちによく、ダイエットにもいいメニューです。

■ 材料

干しわかめ 30g、牛肉ロース 200g、ごま油 15g (1T)、すりおろしにんにく 10g (IT)
昆布だし： 水 2リットル(10カップ)、昆布 30g
薬味： だし醤油 60g (4T)、塩 3g (1t)

■ Tip!

強いアルカリ性食品であるわかめには、ミネラル、カルシウム、カリウム、ヨードが豊富だが、その中でも カルシウムの含有量が優れて,粉ミルクに劣らないほどの量が含まれています。
カルシウムは骨格と歯の形成に必要な成分で、産後の子宮収縮と止血の役割をします。ヨードは新陳代謝を増進させる、むくみを解消する効果があって、産後の養生食として知られています。
また、わかめに入っている植物繊維は便秘を解消し癌予防にも効果があると言われています。
わかめを選ぶ時は、手で触ってみてごみなどが付いていなくて、黒褐色をしていて厚みがあるのがいいものです。湿っぽくなく、よく乾いたものを選びます。

■ 作り方

1. クッカーに水と昆布を入れて30分間おいてから、火をかけて沸騰し始めたら昆布を取り出して火を消す。
2. 牛肉は食べやすい大きさに切り、わかめは水でふやかしてきれいに洗ってから、食べやすい大きさに切る。
3. クッカーに牛肉、ごま油、すりおろしにんにくを入れて炒めた後、わかめを加えて炒める。昆布だし汁を入れ沸騰させてから、薬味を加えてひと煮立ちさせる。

■ Tip!

■ 昆布だし汁を使いますので、スープの味がいっそう深くて美味しいです。
　昆布は長時間沸騰すると、昆布の良い成分を昆布がまた吸収してしまうので、水でふやかしてから沸き始めたら取り出します。

■ 乾わかめは冷水で柔らかくなるまでふやかして使用しますが、水をたっぷり入れてそのまま約10〜15分置いておくと,約14倍に増えるので、乾わかめの状態ではその量をうまく量ってふやかさねばなりません。
　よく揉むと泡が出ながらねばねばした粘液が出ますが、濁りがなくなるまで何回ももみ洗いします適当に1、2回だけ洗ってスープや和え物にすると、生臭くて味も悪くなります。

海带汤

起到暖胃并解渴、解饿作用的海带汤是有助于产妇调理和婴幼儿成长以及减肥的美味食品。

■ 材料

干海带 30g、牛里脊肉 200g、芝麻油 15g (1T)、蒜末 10g (1T)
昆布汤：水 2公升 (10杯)、昆布 30g
佐料：汤用酱油 60g (4T)、盐3g (1t)

■ Tip!

属于强碱性食品的海带含有丰富的钙、钾、碘等矿物质，其中钙含量尤为丰富，可以与奶粉相媲美。
钙是骨骼和牙齿生长必需的成分，还起到产后子宫收缩和止血作用，而碘成分则起到增进新陈代谢和消肿的作用，因此自古以来海带汤就被公认为是一种良好的产后调理食品。
而且海带所含有的植物纤维有助于便秘的治疗和癌症的预防。
挑选海带时，应选择手感上乘，没有杂物，呈墨绿色，皮厚而且没有受潮的干燥状态良好的海带。

■ 做法

1. 把昆布汤的材料放入锅中，泡30分钟后，煮开。汤煮开后捞出昆布，关火。
2. 牛肉按适当尺寸切成条状，而海带则先用水泡开后洗净，然后按适当尺寸切成块状。
3. 把牛肉、芝麻油倒入锅中，再放入蒜泥稍微颠炒，把切好的海带倒入锅里翻炒后，然后倒入昆布汤，将水煮开，最后放入佐料再煮一会儿即可。

■ Tip!

■ 用昆布熬汤的话，汤味会更加浓香鲜美。
　昆布如果煮的时间过长，会吸收已经煮出来的营养成分，所以先泡好后，汤水一煮开，应立即捞出昆布。
■ 干海带应该用凉水泡好后使用才可，约泡10~15分钟，海带会膨胀至14倍左右，因此用干海带煮汤时，应把握好分量。
　用手轻轻揉搓，去除海带表面的粘液，直到泡海带的水清澈为止，如果只揉搓一两次的1，煮汤或拌菜会有腥味，这将影响其味道。

SÚP RONG BIỂN

Súp rong biển làm ấm dạ dày và tim mạch, làm dịu cơn đói của bạn. Nó được khuyến khích dùng cho các bà mẹ và trẻ nhỏ đang lớn. Nó cũng giúp giảm cân hiệu quả.

■ Thành phân

30g tảo biển khô, 200g thịt bò thăn, 2 thìa súp dầu mè, 1 thìa súp tỏi băm.

Nước dùng : 10 chén nước (2 lít), 30g rong biển.

Gia vị : 4 thìa súp nước xốt đậu 60g, 1 thìa muối 3g.

■ Tip!

Rong biển là một thành phần giàu kiềm, chứa lượng lớn chất khoáng gồm canxi, kali, và i-ốt. Hàm lượng canxi trong rong biển bằng với hàm lượng canxi trong sữa bột. Canxi rất cần thiết trong việc hình thành cấu trúc xương và răng. Nó cũng giúp co bóp cổ tử cung và cầm máu sau khi sản phụ sinh nở. I-ốt kích thích quá trình trao đổi chất và giảm phồng rộp. Rong biển đã được sử dụng từ lâu đời để giúp phụ nữ sau khi sanh đẻ.

Khi bạn mua rong biển, nên chọn loại không bị ố mẩu, có màu hơi xanh đen, dày, đặc và khô đều.

■ Cách làm

1. Ngâm rong biển với 2 lít nước khoảng 30 phút, đun sôi, sau đó vớt ra và tắt lửa, phần nước này giữ lại dùng cho bước thứ 3.

2. Thịt bò thái thành miếng vừa ăn. Ngâm rong biển (mysok) trong nước sạch cho đến khi trương lên, vớt ra, cắt miếng vừa ăn.

3. Xào thịt bò, dầu mè, tỏi băm vào nồi khác, sau đó đổ nước ngâm tảo ở phần 1 vào. Nêm lại vừa ăn, đun sôi lần nữa.

■ Tip!

■ Cho tảo biển vào nồi nước dùng làm cho súp của bạn ngậy và ngon hơn. Không luộc kỹ quá tảo biển sẽ làm mất chất dinh dưỡng. Ngâm tảo biển trong nước trước khi dùng và vớt nó ra ngay khi nước sôi.

■ Khi làm món súp, phải làm mềm rong biển, sấy khô. Rong biển sấy khô sẽ nở ra khoảng 14 lần sau khi ngâm trong nước tứ 10-15 phút, do vậy chỉ cần sử dụng một lượng nhỏ rong biển. Hãy rửa rong biển vài lần với nước. Loại rong này sẽ tiết ra nhớt nếu vắt quá mạnh. Tuy nhiên, nên rửa cho đến khi không còn nhớt, nếu không món súp hoặc sà lách sẽ có mùi tanh và không ngon.

មីយុកគុក (ស៊ុបសារាយសមុទ្រ)

សារាយសមុទ្រធ្វើអោយក្រពះ និង បេះដូងមានកំដៅ ហើយបំបាត់ការឃ្លាន និង ស្រេកទឹក។ វាគឺជាអាហារល្អសំរាប់ម្តាយ និង កូនៗដែលកំពុងលូតលាស់។ ហើយវាអាចជួយអោយសំរកទំងន់បានទៀតផង។

■ គ្រឿងផ្សំ៖

សារាយសមុទ្រ ៣០ក្រាម សាច់គោ ២០០ក្រាម ប្រេងល្ង ១ស្លាបព្រាកាហ្វេ (១៥ក្រាម) ខ្ទឹមចិញ្ច្រាំ ១ស្លាបព្រាកាហ្វេ (១០ក្រាម)
ទឹក ១០កែវ (២លីត្រ) សារាយសមុទ្រ ៣០ក្រាម
ទឹកស៊ីអ៊ីវ ៤ស្លាបព្រាកាហ្វេ (៦០ក្រាម) អំបិល ១ស្លាបព្រាកាហ្វេ (៣ក្រាម)

■ Tip!

សារាយសមុទ្រមានសារធាតុអាកាលីន ដែលសំបូរទៅដោយសារជាតិជ័ ដូចជាកាល់ស្យូម ប៉ូតាស្យូម និង អាយអូឌីន។ បរិមាណសារធាតុកាល់ស្យូមដែលមាននៅក្នុងសារាយសមុទ្រ គឺប្រហាក់ប្រហែលនឹងបរិមាណដែលមាននៅ ក្នុងទឹកដោះគោដែរ។ កាល់ស្យូម គឺជាសារធាតុចាំបាច់សំរាប់ទ្រទ្រង់ និង ពង្រឹង ឆ្អឹង និង ធ្មេញ។ ហើយក៏ជួយ អោយស្ត្រីសះស្បើយបានឆាប់រហ័ស និង បញ្ឈប់ការចេញឈាមបន្ទាប់ពីសំរាលកូនរួច។ អាយអូឌីន ជួយ សំរួលដល់ការរំលាយអាហារ និង ការហើមពោះ។ សារាយសមុទ្រ ត្រូវបានប្រើសំរាប់ជួយស្ត្រីទើបសំរាលកូន ហើយអោយឆាប់សះស្បើយ។ នៅពេលដែលអ្នកទិញសារាយសមុទ្រ ចូរជ្រើសរើសយកសារាយសមុទ្រណា ដែលមិនមានស្នាមប្រលាក់ មានពណ៌ខៀវស្រងាត់ ក្រាស់ និងរឹង ហើយ ស្អួតល្អ។

■ របៀបធ្វើ

1. កស៊ុបនៅក្នុងឆ្នាំងទុករយៈពេល ៣០នាទី។ បើកភ្លើងចង្ក្រាន។ ដួសយកសារាយសមុទ្រចេញ នៅពេល ទឹកពុះ។
2. ហាន់សាច់គោជាចំនិតតូចៗ។ត្រាំសារាយសមុទ្រក្រៀមក្នុងទឹកដើម្បីអោយទន់។ហើយហាន់វា ជាចំនិត តូចៗ។
3. ឆាត្រលប់សាច់គោ ប្រេងល្ង និង ខ្ទឹមចិញ្ច្រាំ។ ដាក់សារាយសមុទ្រចូល។ ហើយដាក់ទឹកស៊ុប និង គ្រឿងផ្សំរសជាតិចូល។ ស្ងោរមួយរយ:។

■ Tip!

- ដាក់សារាយសមុទ្រទៅក្នុងទឹកស៊ុបដើម្បីធ្វើអោយវាមានរសជាតិកាន់តែឆ្ងាញ់។ កុំស្ងោរសារាយសមុទ្រយូរពេក ពុំនោះទេ វានឹងស្រូបយកសារធាតុបំប៉នទៅវិញ។ ត្រាំ វានៅក្នុងទឹកមុននឹងស្ងោរ ហើយស្រង់វាចេញវិញនៅពេលដែលទឹកស៊ុបពុះ។
- ត្រូវត្រាំសារាយសមុទ្រមួយស្របក់មុនយកវាទៅស្ងោរ ដើម្បីអោយវាទន់។ បរិមាណ សារាយសមុទ្រ នឹងកើនឡើងប្រហែល ១៤ ដង បន្ទាប់ពីត្រាំទឹក ១០-១៥ នាទី។ ត្រូវប្រាកដថា អ្នក ដាក់សារាយសមុទ្រតិចតួចប៉ុណ្ណោះ។ លាងសារាយសមុទ្រច្រើនទឹក។ វានឹងចាប់ផ្តើមមានទឹករំអិលចេញមកនៅពេលដែលអ្នកច្របាច់វា។អ្នកត្រូវលាងវារហូតដល់អស់ជាតិរំអិល។មិនដូច្នោះទេទឹកស៊ុបដែល ចំអិនរួចនឹងមានក្លិនស្អាប ហើយមិនឆ្ងាញ់ទេ។

콩나물국

Congnamul-guk 大豆もやしスープ
豆芽汤 CANH GIÁ យុងណាមុលគុក

콩나물국

숙취해소에 좋은 콩나물로 시원하고 칼칼한 콩나물국을 끓여봅니다.
가정에서 자주 끓이는 국이지만 맛있는 다시물을 내서 국물을 잡아주기 때문에 별다른
양념 없이도 제대로 된 맛을 낼 수 있습니다.

■ 재료

콩나물 250g, 청고추 13g (1개), 홍고추 15g (1개), 대파 30g (1대)
국물재료: 다시멸치 20g, 다시마 20g, 물 1600cc (8컵)
양념: 다진마늘 10g (1T), 맑은장국 30g (2T), 소금 조금

■ Tip!

콩나물은 콩을 발아시켜 싹을 키운 야채로 콩의 단백질뿐 아니라 비타민 C도 많이 들어 있습니다.
숙취해소에 좋은 아스파라긴산이 들어 있어 해장국 재료로 좋고, 해물탕이나 생선매운탕 등에
넣으면 국물 맛이 시원해집니다.

■ 만드는 법

1. 멸치를 쿠커에 넣고 볶다가 물과 다시마를 넣고 불을 꺼서 30분 정도 둔 다음 불에 올려 끓기 시작하면 다시마를 건져내고 다시 한 번 끓여서 체에 받친다.
2. 청·홍고추는 동글동글하게 썰고 대파는 콩나물 길이로 채썬다.
3. 체에 받쳐 준비한 국물을 쿠커에 넣고 뚜껑을 덮어 끓으면 콩나물을 넣고 뚜껑을 덮어 한소끔 끓이다가 대파, 청·홍고추와 양념을 넣고 다시 한 번 끓인다. 그리고 소금으로 간한다.

■ Tip!

■ 멸치는 팬에 기름없이 볶아서 사용합니다.
　멸치를 볶아주면 비린내가 없어져서 국물이 더욱 맛있어 집니다.
　굵은멸치는 내장을 제거해야 쓴맛이 나지 않으며 머리는 제거하지 않습니다.
　중간멸치로 국물을 낼 때는 내장과 머리를 모두 사용합니다.
　다시마를 담가두었다 끓이면 국물이 더욱 진하게 나옵니다.
■ 대파 속은 다져서 양념장에 넣거나 찌개 등에 사용합니다.

Congnamul-guk (Bean Sprout Soup)

Make bean sprout soup that is great for hangovers!
Bean sprout soup is easy to make and greatly loved in many homes. Its stock is not that difficult to prepare, either. Thanks to the simple, yet deep-tasting stock, the soup does not require lots of seasoning to taste.

■ Ingredients

250g bean sprouts, 1 green chili pepper (13g), 1 red chili pepper (15g), 1 leek (30g)
For stock: 20g soup-stock anchovies, 20g kelp, 8 cups water (1600cc)
Seasoning: 1T minced garlic (10g), 2T soy-sauce stock (30g), little bit of salt

■ Tip!

Bean sprouts are made by germinating soybeans. They contain not only the protein of the beans, but also lots of vitamin C. They contain aspartic acid, which helps you cope with hangovers. They also make the soup taste much richer and deeper when added to seafood or fish stews and soups.

■ How to Make

1. Parch dried anchovies in a deep-bottomed pot. Add water and kelp, turn the heat off, and leave ingredients for 30 minutes or so. Turn the heat on again and take the kelp out. Once stock has boiled, drain it of solid ingredients using a strainer.
2. Chop red and green chili peppers. Chop the leek so that its pieces are similar to bean sprouts in length.
3. Add stock to the pot. Put the lid on. Once it starts boiling, add the bean sprouts. Put the lid on again to let it boil for a while. Then add the leek and chili peppers. Finally, add the seasoning.

■ Tip!

■ Parch dried anchovies, without any oil, in a pan before adding them to water. Parching eliminates the remaining fish smell, making the broth tastier. If you are using thick-bodied dried anchovies, make sure you remove all the internals from them, but leave their heads intact. This process eliminates the bitter aftertaste from the broth. If you are using medium-bodied dried anchovies, you can leave the internals and heads intact. When making the broth, soak a piece of kelp in water. This will enrich the taste.

■ Mince the inner stem of the leek finely and add it to any sauce or stew you make.

大豆もやしスープ

二日酔い解消に効く大豆もやしでピリッとさっぱりした味の大豆もやしスープを作ってみます。
家庭でよく作るスープですが、もやしから美味いだし汁がでるので、特別な味付けはせず、よい味
が出せます。

■材料

大豆もやし 250g、青唐辛子 13g (1本)、赤唐辛子 15g (1本)、ネギ 30g (1本)
だし汁: 煮干し 20g、昆布 20g、水 1600cc (8カップ)
薬味: すりおろしにんにく 10g (1T)、澄まし汁 30g(2T)、塩少々

■Tip!

大豆もやしは豆を発芽させて芽を育てた野菜で、豆のタンパク質だけではなくビタミンCも多く含まれています。二日酔
い解消に効くアスパラギン酸が入っているので、ヘジャングッ(酔い覚ましのスープ)の材料に適します。また、海鮮鍋や魚
のメウンタン(ピリ辛スープ)などに入れると、さっぱりした味のスープになります。

■作り方

1. 煮干しをクッカーに入れ炒めてから、水と昆布を入れて火を止めたまま30分くらいおいてから、火をかけて沸騰した
   ら昆布を取り出して、もう一度沸騰させてからこす。
2. 青唐辛子、赤唐辛子は小口切りにして、ネギは大豆もやしの長さのせん切りにする。
3. だし汁をクッカーに入れて蓋をして沸騰したら大豆もやしを入れて蓋をして沸騰してきたら、ネギ、青唐辛子と赤唐
   辛子、薬味を加えてひと煮立ちさせる。

■Tip!

■煮干しはフライパンで油を引かずに炒めて使います。

  煮干しを炒めると生臭さがなくなって、出し汁がより一層美味しくなります。

  大きめの煮干しは、内臓を取ると苦味がなくなります。頭は取りません。

  中サイズの煮干しで出汁を取る際には、内臓と頭を全部使います。

  昆布を水に浸けてしばらくおいてから沸騰させると、さらに濃い出し汁が出ます。

■長ネギの中身はみじん切りにして薬味ソースに入れたり、鍋料理などに使います。

豆芽汤

下面我们来用有助于醒酒的豆芽试着做一下爽口美味的豆芽汤吧。
虽然是一款普通的家常菜，由于汤底单独熬制，即便不加任何佐料，也可以做出味道鲜美的豆芽汤。

■ 材料

豆芽250g、青辣椒13g(一个)、红辣椒15g(一个)、大葱30g(一根)
汤料：汤料用海蜒 20g、昆布20g、水1600g(8杯)
佐料：蒜末10g(1T)、清淡酱汤30g(2T)、盐少量。

■ Tip!

豆芽是由黄豆发芽制成的一种常见蔬菜，不仅含有豆类蛋白质，而且还含有丰富的维生素C。豆芽中含有有助于醒酒的冬酰胺酸，因此是很好的醒酒汤材料，煮海味汤或辣鱼汤时放入适量豆芽，汤味将更加鲜美。

■ 做法

1. 把海蜒放入锅中轻微颠炒，然后倒入水和昆布，关火，约焖30分钟，然后再点火煮开，煮开后捞出昆布，再次煮开，然后用筛箩过滤。
2. 把青辣椒和红辣椒切成圆形，大葱则切成与豆芽相等长度的斜丝。
3. 把过滤好的高汤倒入锅中，盖好锅盖煮沸。煮开后放入豆芽，盖上锅盖继续　煮一会儿，然后把切好的大葱、青辣椒、红辣椒全都倒入汤里，再煮开一次即可。

■ Tip!

■ 用不粘鍋干炒海蜒。干炒海蜒會可以去除魚腥味，使湯味更加鮮美。大號海蜒應去除內臟，不然會有苦膽味，魚頭不用去除。用中號海蜒煮湯時內臟和魚頭都可以用。將昆布略泡一下，然后煮湯，湯味會更加鮮美。

■ 葱白部分捣碎，放入调味酱或炖湯时使用。

CANH GIÁ

Món canh giá rất tốt để giải độc, nhất là sau khi uống rượu. Canh giá rất dễ làm và được yêu thích bởi nhiều gia đình. Nguyên liệu và cách nấu rất đơn giản.

■ Thành phân

250g giá, 1 quả ớt xanh 13g, 1 quả ớt đỏ 15g, 1 nhánh hành lớn 30g.

Nước dùng : 20g súp cá cơm, 20g tảo biển, 8 chén nước 1.6 lít.

Gia vị : 1 thìa súp tỏi xay 10g, 2 thìa súp nước tương 30g, một chút muối.

■ Tip!

Giá được làm bằng đậu nành, nó không chỉ chứa chất đạm của đậu mà còn rất giàu vitamin C, giúp giải độc tố. Nếu cho thêm hải sản hoặc cá hầm súp sẽ có vị ngọt và đậm đà hơn.

■ Cách làm

1. Rang cá cơm khô trong nồi nấu canh, cho nước, tảo biển, và tắt bếp, để khoảng 30 phút hoặc hơn, vớt tảo biển ra, sau đó tiếp tục đu sôi và lọc lại.
2. Cắt ớt xanh và đỏ thành lát mỏng đều nhau. Cắt hành lớn cùng kích thước với giá.
3. Cho nước dùng trên vào nồi. Đậy vung lại, khi nước bắt đầu sôi cho giá vào, đậy nắp lại, để sôi một lúc. Sau đó thêm hành lớn, ớt, và thêm gia vị.

■ Tip!

■ Rang cá cơm trước khi cho nước vào sẽ giảm đi mùi tanh của cá và làm cho nồi nước dùng ngon hơn. Nếu cá cơm thuộc loại mình dày, nên bỏ hết phần ruột bên trong, chỉ giữ lại phần đầu, như vậy sẽ làm giảm vị đắng cho nước dùng. Nếu sử dụng loại cá cơm trung bình có thể giữ lại phần ruột và phần đầu. Khi nấu nước dùng cho một ít tảo biển sẽ làm giàu hương vị hơn.

■ Nên cho vài lát hành lớn vào món canh hoặc hầm để có hương vị thơm hơn.

យុងណាមុលគុក

ស្ងោរសំលសណ្ដែកបណ្ដោះដែលអាចជួយបន្ទាបស្រាចាន។ សំលស្ងោរសណ្ដែកបណ្ដោះងាយនឹងធ្វើ ហើយត្រូវបានគ្រួសារភាគច្រើន និយមចូល ចិត្ត។ ទឹកស៊ុបក៏មិនពិបាក ក្នុងការរៀបចំផងដែរ។ ដោយសារតែទឹកស៊ុបដំងាយស្រួល និង មានរសជាតិឆ្ងាញ់ ទឹកស៊ុបមិនចាំបាច់ប្រើ គ្រឿងផ្សំរសជាតិ ច្រើនទេ។

■ គ្រឿងផ្សំ

២៥០ ក្រាម ម្ទេសខៀវ ១ (១៣ក្រាម) ម្ទេសក្រហម ១ (១៥ក្រាម) ស្ពៃខ្ទឹម ១ដើម (៣០ក្រាម)

គ្រឿងផ្សំទឹកស៊ុប៖ ត្រីក្រៀម ២០ក្រាម សាវាយសមុទ្រ ២០ក្រាម ទឹក ៨កែវ (១៦០០ក្រាម)

ខ្ទឹមបុក ១ស្រាបព្រាកាហ្វេ (១០ក្រាម) ទឹកស៊ីអ៊ុ ២ស្រាបព្រាកាហ្វេ (៣០ក្រាម) អំបិល បន្តិច។

■ Tip!

គំនិតបន្ថែម៖ សណ្ដែកបណ្ដោះបានមកពីការផ្ដាប់សណ្ដែកទុក។ សណ្ដែកបណ្ដោះ មិន ត្រឹមតែមានប្រូតេអ៊ីនដែលមាននៅក្នុងសណ្ដែកប៉ុណ្ណោះទេប្រមាណទាំងមានវីតាមីនសេជា ច្រើនទៀតផងៗ សណ្ដែកបណ្ដោះមានអាស៊ីតអាស្ប៉ាទិចដែល អាចជួយបន្ទា ប ស្រា បានៗ ហើយក៏ជួយបន្ថែមរសជាតិនៅពេលដែលដាក់ទៅក្នុងគ្រឿងស មុទ្រ រី នៅក្នុង ស៊ុ ប ត្រី រី ទឹកស៊ុបៗ

■ របៀបធ្វើ

1. ដាក់ត្រីក្រៀមទៅក្នុងឆ្នាំងៗ ដាក់ទឹក និង សាវាយសមុទ្រ បិទភ្លើងចង្ក្រាន ហើយទុកគ្រឿងផ្សំរយៈពេល ៣០នាទីៗ

2. ហាន់ម្ទេសខៀវ និង ម្ទេសក្រហមៗ ហាន់ស្ពៃខ្ទឹមអោយមានប្រវែងប្រហា ក់ប្រហែលនឹងសណ្ដែកបណ្ដោះៗ

3. ដាក់ទឹកស៊ុបក្នុងឆ្នាំងៗ បិទទំរបៗ ដាក់សណ្ដែកបណ្ដោះចូលនៅពេលដែ លទឹកពុះៗ បិទទំរបម្ដងទៀតដោយ ទុកអោយពុះមួយស្របក់ៗ ដាក់ស្ពៃ កខ្ទឹម ម្ទេសខៀវ ម្ទេសក្រហមចូល ហើយដាក់គ្រឿងផ្សំចូលជា ការស្រេចៗ

■ Tip!

- លីងត្រីក្រៀមនៅក្នុងខ្ទះ៖ ដោយកុំប្រើខ្លាញ់ មុននឹងដាក់ចូលទៅក្នុងទឹកៗ ការលីង នឹង បំបាត់នូវក្លិនឆ្លាប និង ធ្វើអោយរសជាតិកាន់តែឆ្ងាញ់ៗ បើអ្នកប្រើត្រីក្រៀមដែល រាង ក្រាស់ អ្នកត្រូវយកគ្រឿងក្នុងចេញ តែទុកក្បាលៗ នេះនឹងបំបាត់នូវជាតិល្ងួងកុ ងទឹកស៊ុបៗ បើអ្នកប្រើត្រីក្រៀមដែលរាងមជ្ឈម អ្នកអាចទុកទាំងគ្រឿងក្នុង និង ក្បាលៗ ហើយដាក់សាវាយសមុទ្រចូលបន្តិច នៅពេលដែលអ្នកស្ងោរទឹកស៊ុបៗ វានឹងធ្វើ អោយរសជាតិកាន់តែឆ្ងាញ់ៗ

- ចិញ្ច្រាំស្ពៃខ្ទឹម ហើយដាក់នៅក្នុងទឹកជ្រលក់ រី ទឹកស៊ុបដែលអ្នកចំអិនៗ

된장찌개

Doenjang-jjigae 味噌チゲ 大酱汤
CANH TƯƠNG តុងចាងជីគេ

된장찌개

한국사람이면 누구나 좋아하는 된장찌개입니다. 쉽게 생각할 수 있는 메뉴지만 맛을 내는 데는 어려운 메뉴일 수도 있습니다. 집에 있는 재료를 이용해 간단하게 끓여봅니다.

■ 재료

양파 50g, 감자 50g, 호박 50g, 표고버섯 50g, 느타리버섯 50g, 청양고추 30g (2개), 홍고추 8g (½개), 대파 30g (½대), 두부 70g

국물: 쌀뜨물 600g (3컵), 멸치 15g, 건새우 5g, 된장 54g (3T)

■ 만드는 법

1. 양파, 감자, 호박, 표고, 두부는 사방 1cm 정도로 자르고, 대파, 청양고추, 홍고추는 어슷썰고, 느타리는 먹기 좋은 크기로 찢는다.

2. 쿠커에 쌀뜨물 멸치, 건새우를 넣고 충분히 우러나도록 끓인 다음 멸치와 건새우는 건져낸다.

3. 국물에 된장을 넣고 끓으면 감자, 양파, 호박을 먼저 넣고 끓인 다음 표고버섯, 느타리버섯, 두부를 넣고 더 끓여 준 후 청양고추, 홍고추, 대파를 넣고 한소끔 끓여낸다.

Doenjang-jjigae (Bean-Paste Stew)

Doenjang-jjigae is one of the favorite stews of Koreans. It is commonly found on dinner tables at homes, but it may be a bit difficult to "get the taste right." Add any vegetables and other ingredients at home to make this simple, yet great-tasting stew.

■ Ingredients

50g onion, 50g potato, 50g zucchini, 50g pyogo (shiitake) mushroom, 50g agarics, 2 Cheongyang chili peppers (30g), ½ red chili pepper (8g), ½ leek (30g), 70g tofu

For stock: 3 cups rice water (600 cc), 15g dried anchovies, 5g dried shrimp, 3T doenjang (bean paste) (54g)

■ How to Make

1. Cut the onion, potato, zucchini, pyogo mushrooms, and tofu into 1cm−cubes. Cut the leek and chili peppers into long pieces. Tear the agaric mushrooms into bite sizes.
2. Boil the dried anchovies and shrimp in rice water in a deep pot. Afterwards, take the anchovies and shrimp out of the stock.
3. Add doenjang (bean paste) into the stock. Add potato, onion, and zucchini first and let them boil for a while. Afterwards, add pyogo mushrooms, agaric mushrooms, and tofu. Add the pieces of chili peppers and leek at the last minute.

味噌チゲ

韓国人であれば誰もが好きな味噌チゲです。簡単に思われがちなメニューですが、旨味を出すのが難しいメニューかも知れません。
お家にある材料を利用して簡単に作ってみます。

■ 材料

玉ねぎ 50g、じゃがいも 50g、かぼちゃ 50g、シイタケ 50g、ヒラタケ 50g、青陽唐辛子 30g (2本)、赤唐辛子 8g (1/2本)、長ネギ 30g (1/2本)、豆腐 70g
だし汁: 米の洗い汁 600cc (3カップ)、煮干し 15g、干し海老 5g、味噌 54g (3T)

■ 作り方

1. 玉ねぎ、じゃがいも、かぼちゃ、シイタケ、豆腐は1cm 角に切り、ネギ、青陽唐辛子、赤唐辛子は斜めに切り、ヒラタケは食べやすい大きさにちぎる。
2. クッカーに米の洗い汁、煮干し、干し海老を入れ、だし汁が十分に出るまで煮込んでから、煮干しと干し海老は取り出す。
3. だし汁に味噌を溶かし入れる。沸騰したら先にじゃがいも、玉ねぎ、かぼちゃを入れ煮立てる。シイタケ、ヒラタケ、豆腐を加えてさらに煮立ててから、青陽唐辛子、赤唐辛子、長ネギを入れてひと煮立ちさせる。

大酱汤

大酱汤是韩国人都喜欢吃的食物。虽然看起来好像很简单，但想要做出正宗的口味却不那么容易。请利用家中现有的材料，简单尝试做一做吧。

■ 材料

洋葱 50g、土豆 50g、西葫芦 50g、香菇 50g、平菇 50g、青椒 30g (2个)、红辣椒 8g (1个)、大葱 30g (1/2根)、豆腐 70g

高汤：淘米水 600cc (3杯)、海蜒 15g、干虾 5g、大酱 54g (3T)

■ 做法

1. 把洋葱、土豆、西葫芦、香菇、豆腐切成1cm左右的块，大葱、青椒、红辣椒切成斜丝，平菇撕成适当尺寸的条状。
2. 往锅里倒入淘米水、海蜒、干虾等充分煮开后捞出海蜒和干虾。
3. 把大酱放入汤锅中，然后依次放入土豆、洋葱、西葫芦，再煮开后再放入香菇、平菇、豆腐煮沸，最后放入青椒、红辣椒、大葱再煮一会儿即可。

CANH TƯƠNG

Canh tương là một trong những món hầm ưa thích của người hàn quốc. Đây là món ăn rất phổ biến của mọi nhà, nhưng hơi khó để có hương vị đậm đà như mong muốn, dùng các nguyên liệu có sẵn tại nhà.

■ Thành phân

50g hành tây, 50g khoai, 50g bí non, 50g nấm pyogo, 50g nutari, 2 quả ớt xanh cheonggyang 30g, ½ trái ớt đỏ 8g, ½ hành lớn 30g, 70g đậu phụ.

Nước dùng : 3 chén nước gạo 600g, 15g cá cơm khô, 5g tôm khô, 3 thìa súp tương 54g.

■ Cách làm

1. Cắt hành tây, khoai tây, bí non, nấm pyogo và đậu phụ thành miếng 1cm. Cắt hành lớn và ớt xanh thành miếng dài. Cắt nấm nutari thành miếng.

2. Cho tôm khô và cá cơm vào nước gạo, đun sôi lên. Sau đó vớt cá cơm và tôm khô ra.

3. Cho tương vào nước canh đun sôi, sau đó khoai tây, hành và bí non vào, nấu sôi thêm một lúc. Thêm nấm pyogo, nấm nutari và đậu phụ, cho ớt đỏ và hành lớn trước khi ăn.

តុងចាងជីគេ (សំលគ្រឿងសណ្ដោក)

តុងចាងជីគេ គឺជាសំលមួយដែលប្រជាជនកូរ៉េនិយមទទួលទាន។ ហើយគេតែងតែឃើញសំលនេះ នៅលើតុ អាហារពេលល្ងាច ប៉ុន្តែវាមានការពិបាកបន្តិចក្នុងការ ចំអិនអោយត្រូវសជាតិ។ អ្នកអាចបន្ថែមបន្ថែ វី គ្រឿងផ្សំ ដែលមាននៅក្នុងផ្ទះ ដើម្បីចំអិនសំលដែលមានឱជារសឆ្ងាញ់នេះ។

■ គ្រឿងផ្សំ៖

ខ្ទឹមបារាំង ៥០ក្រាម ដំឡូងបារាំង ៥០ក្រាម ឈ្លៅ ៥០ក្រាម ផ្សិតក្សុក្ ៥០ក្រាម ផ្សិត ៥០ក្រាម ម្សៅសុងយ៉ាង ២ (៣០ក្រាម) ម្សៅក្រហម ½ (៨ក្រាម) ស្ពីកខ្ទឹម (៣០ក្រាម) តៅហ៊ូ ៧០ក្រាម។ ទឹកពាកែរ (៦០០ក្រាម) ត្រីក្រៀម ១៥ក្រាម បង្កាក្រៀម ៥ក្រាម គ្រឿងសណ្ដោក ៣ស្រាបព្រាការហ្វ (៥៤ក្រាម)។

■ របៀបធ្វើ

1. ហាន់ខ្ទឹមបារាំង ដំឡូងបារាំង ឈ្លៅ ផ្សិតក្សុក្ និង តៅហ៊ូជាដុំប្រហែល ១សមៗ។ ហាន់ស្ពីកខ្ទឹម ម្សៅ ជាសរសៃ។ ហែកផ្សិតជាចំរៀកតូចៗ។

2. ស្ងោរត្រី និង បង្កាក្រៀមនៅក្នុងទឹកបាយ។ រួចដួសត្រី និង បង្កាក្រៀមចេញ។

3. ដាក់តុងចាង (គ្រឿងសណ្ដោក)ចូល។ ហើយដាក់ខ្ទឹមបារាំង ដំឡូងបារាំង និង ឈ្លៅស្ងោរមួយស្របក់ បន្ទាប់មកដាក់ផ្សិត និង តៅហ៊ូចូល។ ដាក់ម្សៅ និង ស្ពីកខ្ទឹមចូលចុងក្រោយបង្អស់។

김치찌개

Kimchi-jjigae キムチチゲ 泡菜汤
CANH KIM CHI គីមឈីជីគេ

김치찌개

한국사람이면 누구나 좋아하는 김치찌개는 김치의 맛에 따라 찌개의 맛도 틀려지는데요 잘 익은 김치만 있으면 시원하고 칼칼한 맛의 김치찌개를 만들 수 있습니다.

■ 재료

잘 익은 김치 500g, 돼지고기 120g, 흰떡 150g, 대파 30g (1대), 물 800cc (4컵)

양념: 고춧가루 21g (3T), 다진마늘10g (1T), 다진생강 1.8g (½t), 물 30cc (2T), 소금, 후추 조금씩

■ 만드는 법

1. 돼지고기는 먹기 좋은 크기로 썰어 놓는다.
   김치는 4~5cm 길이로 썰어 놓는다.
   대파는 어슷썬다.
2. 양념은 모두 섞어 놓는다.
3. 쿠커에 썰어놓은 김치, 고기, 양념을 넣고 손으로 주물러 섞이게 한 다음 물을 1컵 붓고 뚜껑을 덮어 자글자글 끓으면 나머지 3컵의 물을 붓고 김치가 잘 무르도록 뚜껑을 덮어 푹 끓인다.
4. 떡과 대파를 넣어 한소끔 끓인 후 소금, 후추로 간한다.

■ Tip!

- 양념을 미리 섞어두면 숙성되어서 맛도 좋을 뿐 아니라 고춧가루가 불어서 국물에 떠다니지 않아 국물이 깔끔합니다.
- 미리 섞어서 불려놓은 양념으로 조물조물 무치면 간이 잘 배서 맛이 좋습니다.
  물 1컵을 먼저 넣고 끓이다가 훗물을 부어주는 것이 국물의 맛이 좋아질 뿐 아니라 끓이는 시간도 줄일 수 있습니다.

Kimchi-jjigae (Kimchi Stew)

Kimchi chiggae is the most beloved stew of all Koreans. It tastes very differently depending on what type of kimchi is used. Make this amazingly rich and homely dish tonight with matured kimchi for you and your family.

■ Ingredients

500g well-seasoned kimchi, 120g pork, 150g white ddeok, 1 leek (30g), 4 cups water (800cc)
Seasoning: 3T finely ground dried chili pepper powder (21g), 1T minced garlic (10g), ½t minced ginger (8g), 2T water (30cc), salt and pepper

■ How to Make

1. Cut pork into bite-sized pieces. Cut kimchi into pieces 4~5cm long. Cut leek into bite-sized pieces.
2. Mix all the ingredients for the seasoning.
3. Put the kimchi, pork, and seasoning into a pot. Mix them well with your hands. Add 1 cup of water, put the lid on, and let the ingredients come to the boil. Add 3 cups of water. Make sure everything is well-boiled, with the lid on the pot.
4. Add the ddeok and leek and bring it to the boil once again. Taste it with salt and pepper.

■ Tip!

■ Prepare the sauce before cooking and leave it to "ripen" for some time. This also makes the red chili pepper powder gather in one place, making the resulting broth cleaner.
■ Mix the ingredients with the "ripened" sauce to marinate them. Boil them with 1 cup of water and add more water later. This will make the stew taste better and reduce the cooking time.

キムチチゲ

韓国人なら誰もが好きなキムチチゲは、キムチの味によって違う味になります。
十分に熟成したキムチさえあったら、辛くてあっさりしたキムチチゲができます。

■ 材料

熟成キムチ 500g、豚肉120g、白餅 150g、ネギ 30g (1本)、水 800cc (4カップ)
薬味: 粉唐辛子 21g (3T)、すりおろしにんにく 10g (1T)、すりおろし生姜 1.8g (1/2t)、水30cc (2T)、塩胡椒少々

■ 作り方

1. 豚肉は食べやすい大きさに切っておく。
   キムチは4〜5cm長さに切っておく。ネギは斜め切りにする。
2. 薬味は全て混ぜておく
3. クッカーに切っておいたキムチ、肉、薬味を入れ、手で揉みながら混ぜる。水を1カップ入れ蓋をし、くつくつと煮立てきたら3カップの水を加え、蓋をしてキムチが柔らかくなるまでじっくりと煮込む。
4. 餅とネギを入れて、ひと煮立ちさせてから、塩と胡椒で味を調える。

■ Tip!

■ 予め、薬味を混ぜておくと熟成して味もよくなるし、唐辛子の粉が固まってスープに浮かないのでスープがさっぱりします。

■ 薬味をあらかじめ混ぜてふやかしておいた薬味で軽く和えると、味が染み込んで美味しいです。先に水1カップを入れて火にかけ、途中から水を加えたほうが、スープがうまくなり、また煮込む時間も減らせます。

泡菜汤

凡是韩国人都喜欢吃泡菜汤，泡菜的味道不同，做出来泡菜汤的味道也会有差别。
只要有经过充分腌制的泡菜就能做出鲜辣爽口的泡菜汤来。

■ 材料

发酵好的泡菜500g、猪肉120g、米糕150g、大葱30g(1根)、水800g(4杯)、

调料：辣椒粉21g(3T)、蒜末10g(1T)、生姜末1.8g(1/2t)、水30g (2T)、盐和胡椒粉少许等

■ 做法

1. 猪肉切成适当的块状。泡菜切成4～5cm的块状，大葱切成斜丝。
2. 调料全部搅拌均匀。
3. 往汤锅中放入切好的泡菜、猪肉、调料等，用手搅拌后，倒入1杯水，盖好锅盖慢火煮
   开，再把剩下的3杯水全都倒入，盖上锅盖充分煮开，直至泡菜完全熟透。
4. 放入米糕和大葱再煮一会儿，然后用盐和胡椒粉调味即可。

■ Tip!

- 事先调味的话，会有一定程度的发酵效果，这样不仅味道更好，而且辣椒粉也不会漂浮在
  汤表面，使汤水看起来更加干净。
- 用事先调好的调味酱拌出来的泡菜味道会更鲜美。煮泡菜汤时，先倒入1杯水煮开后，再倒
  入一定量的汤水，这样不仅增加汤的味道，而且还能缩短煮汤的时间。

CANH KIM CHI

Bất kỳ người hàn quốc nào cũng thích ăn canh kim chi. Tùy thuộc vào loại kim chi mà vị canh sẽ khác nhau. Hãy tự nấu cho bạn và gia đình của mình món ăn giàu hương vị hàn quốc với kim chi đã ngấu.

■ Thành phân

500g kim chi đã ngấu, 120g thịt heo, 150g bánh gạo ttok trắng, 1 nhánh hành lớn 30g, 4 chén nước 800cc.

 Gia vị : 3 thìa canh bột ớt khô, 1 thìa canh tỏi bằm 10g, ½ thìa canh gừng xay 8g, 2 thìa canh nước 30cc, muối và tiêu.

■ Cách làm

1. Cắt thịt heo thành miếng vừa ăn, cắt kim chi thành miếng dài 4-5cm, xắt hành lớn thành lát mỏng.

2. Trộn tất cả các nguyên liệu làm gia vị.

3. Cho kim chi, thịt heo và gia vị vào nồi, trộn đều tay, thêm một chén nước, đậy nắp lại và đun sôi lên. Thêm 3 chén nước, đun sôi lần nữa, nhớ đậy nắp lại.

4. Thêm bánh ttok và hành lớn vào.

■ Tip!

■ Ướp gia vị từ trước không chỉ làm cho món ăn ngon, đậm đà hơn, mà còn giúp cho bột ớt và hạt tiêu không bị tụ lại, nên nồi nước dùng sẽ trong hơn.

■ Nên xào thịt trước với gia vị, cho một ít nước vào hầm, khi thịt đã chín mới cho thêm nước vào, điều này sẽ làm cho món hầm của bạn ngon hơn và giảm thời gian nấu ăn.

គីមឈីជីគែ (សំលគីមឈី)

រសជាតិនៃស៊ុបគីមឈី ដែលជនជាតិកូរ៉េចូលចិត្តនោះ គឺខុសគ្នាទៅតាមរសជាតិនៃ គីមឈី ដែលគេប្រើក្នុងការចំអិនស៊ុប។ ការចំអិនស៊ុបគីមឈី ដែលមានរសជាតិហឹរ ឈ្ងុយឆ្ងាញ់ គឺអាស្រ័យទៅលើការមានគីមឈី ដែលបានផ្អាប់ទុកយូរ និងចូលរសជាតិបាន ល្អ។

▪ គ្រឿងផ្សំ៖

គីមឈី ៥០០ក្រាមសាច់ជ្រូក ១២០ក្រាម តុក ១៥០ក្រាមស្លឹកខ្ទឹម ១ដើម (៣០ក្រាម) ទឹក ៤កែវ (៨០០ក្រាម)

ម្សៅម្ទេស ៣ស្រាបព្រាកាហ្វេ (២១ក្រាម) ខ្ទឹមចិញ្ច្រាំ ១ស្រាបព្រាកាហ្វេ (១០ក្រាម) ខ្ញីចិញ្ច្រាំ ½ស្រាបព្រាកាហ្វេ (៨ក្រាម) ទឹក ២ស្រាបព្រាកាហ្វេ (៣០ក្រាម) អំបិល និង ម្រេច។

▪ របៀបធ្វើ

1. ហាន់សាច់ជាចំនិតៗ។ ហាន់គីមឈីប្រវែង ៤រឺ ៥សម។ ហាន់ស្លឹកខ្ទឹមខ្លីៗ។
2. លាយផ្សំទាំងអស់។
3. ដាក់គីមឈី សាច់ជ្រូក និង គ្រឿងផ្សំចូលក្នុងឆ្នាំង ហើយលាយអោយសព្វដោយប្រើដៃ។ ថែមទឹក ១កែវ បិទគំរប ហើយចាំអោយពុះ។ ថែមទឹក ៣កែវ។ ត្រូវអោយច្បាស់ថាវាពុះល្អ និង បិទគំរបផង។
4. បន្ថែមតុក និង ស្លឹកខ្ទឹម ហើយទុកអោយវាពុះម្តងទៀត។ ភ្លក្សហើយថែម អំបិល និង ម្រេច។

▪ Tip!

- រៀបចំគ្រឿងផ្សំរសជាតិទុកជាមុន ដោយទុកវាអោយ éចូលជាតិê មួយស្របក់។ នេះធ្វើអោយម្សៅម្ទេសប្រមូលផ្តុំនៅមួយកន្លែង ដែលធ្វើអោយទឹកស៊ុបថ្លា។
- លាយគ្រឿងផ្សំជាមួយគ្រឿងផ្សំរសជាតិដែល ចូលជាតិê ហើយ។ ស្ងោរគ្រឿងផ្សំទាំងអស់ដោយប្រើទឹក១កែវ ហើយថែមទឹកតាមក្រោយ។ នេះធ្វើអោយទឹកស៊ុបមាន រសជាតិឆ្ងាញ់ និង ចំនេញពេលវេលាក្នុងការចំអិន។

요리
메모

반찬류

- 시금치나물 Shigumchi namul(Cooked Spinach Salad) ほうれん草のナムル　涼拌菠菜 RAU BÓ XÔI TRỘN
  ស្ទីគីមឈីណាមុល (ញាំស្ពៃស្ល៉េណេជ)
- 콩나물무침 Congnamul muchim(Boiled Bean Sprout Salad) 大豆もやしの和え物 涼拌豆芽 GIÁ TRỘN
  យុងណាមុលមូលឈីម (ញាំសណ្ដែកបណ្ដុះ)
- 계란찜 Gyeran-jjim(Steamed Eggs) 卵蒸し 蒸鸡蛋 TRỨNG CHƯNG CÁCH THỦY កេរ៉ានជីម (ពងមាន់ចំហុយ)
- 두부조림 Dubu-jorim(Boiled and Sauced Tofu) 豆腐煮込み 烧豆腐 ĐẬU PHỤ XỐT ទូ៉ូចូ្រីម (ស្យ៉ារតៅហ៊ី)
- 장조림 Jangjorim(Beef Strips Boiled down in Soy Sauce) チャンジョリム(牛肉の醬油煮) 酱牛肉
  THỊT BÒ BẮP KHO TƯƠNG ជាំងឈ្យ៉រីម

시금치나물

Shigumchi namul　ほうれん草のナムル
凉拌菠菜　RAU BÓ XÔI TRỘN
ស៊ីគីមឈីណាមុល

시금치나물

시금치를 파랗게 데쳐 갖은 양념으로 무친 간단한 반찬입니다.

■ 재료

시금치 300g, 소금 ¼t
양념: 소금 3g (1t), 다진파 10g (1T), 다진마늘 3g (1t), 깨소금 7g (1T), 참기름 15g (1T)

■ Tip!

시금치는 열을 내리고 윤활유 역할을 하므로 술을 마시면 생기는 화기와 열을 풀어주어 해장용
으로 좋습니다. 갈증을 해소하고 당뇨병에도 좋아요.

■ 만드는 법

1. 시금치는 다듬어서 깨끗이 씻은 다음 끓은 물에 소금을 넣고 살짝 데친 후 찬물에 헹구어
   짠다.
2. 시금치는 먹기 좋은 크기로 자른 후 양념에 조물조물 무쳐낸다.

■ Tip!

■ 데친 후에는 찬물에 빨리 헹궈 열기를 빼줘야 푸른색을 유지할 수 있습니다.
  빨래 짜듯이 비틀어 짜지 말고 어느 정도 물기가 있도록 짜야 합니다.

Shigumchi namul (Cooked Spinach Salad)

This is a simple, yet flavorful dish of healthy ingredients.

■ Ingredients

300g spinach ¼ t salt

Seasoning: 1t salt (3g), 1T minced green onion (10g), 1t minced garlic
(3g), 1T sesame-salt powder (7g), 1T sesame seed oil (15g)

■ Tip!

Spinach helps to lower the body fever and facilitates blood circulation.
It eliminates the kind of fever and heat that builds up inside the body
after drinking. Great for eliminating hangovers, spinach is also good for
quenching thirst and is recommended for diabetic patients.

■ How to Make

1. Wash spinach thoroughly in water. Parboil it in boiling water with a little bit
   of salt. Wash the parboiled spinach in cold water and remove the excess
   water from it by squeezing it.
2. Cut the parboiled spinach into bite-sized pieces. Mix it with the seasoning.

■ Tip!

■ After parboiling the spinach, rinse it immediately in cold water to preserve the
  green color. Do not over-squeeze and twist the spinach.
  Make sure it reserves some water.

ほうれん草のナムル

青く茹でていろんな薬味で和えた簡単なおかずです。

■ 材料

ほうれん草 300g, 塩 1/4t
薬味: 塩 3g (1t)、ネギのみじん切り 10g (1T)、すりおろしにんにく 3g (1t)、ごま塩 7g (1T)、ごま油 15g (1T)

■ Tip!

ほうれん草は熱をさげ、潤滑油の働きをするので、お酒を飲んだ時の火気と熱を収め、二日酔い解消にいいです。のどの渇きを解消し、糖尿病にいいですよ。

■ 作り方

1. ほうれん草は要らない部分を切り取ってきれいに洗ってから、煮え湯に塩を入れてさっと茹で、冷たい水に洗って水分を取る。
2. ほうれん草は食べやすい大きさに切り、薬味を加え手で和える。

■ Tip!

■青い色を保つためには、茹でた後、素早く冷水で洗います。洗濯物を絞るように捻らないで、ある程度水分が残るように絞ります。

凉拌菠菜

用沸水轻微焯出来后，拌入各种调料均匀搅拌而成的简单凉拌菜。

■ 材料

菠菜 300g，盐 1/4t
调料：盐 3g (1t)、葱末 10g (1T)、蒜末 3g (1t)、芝麻盐 7g (1T)、芝麻油 15g (1T)

■ Tip!

菠菜可以起到解热疏通的作用，因此有助于酒后的解热和醒酒。并有消渴之功效，非常
适合糖尿病人食用。

■ 做法

1. 菠菜收拾干净后，洗净，沸水中加入少许盐，放入菠菜轻微焯一下，再用凉水冲洗，
   并挤出水分，备料。
2. 按适当的尺寸切好菠菜，并用准备后的佐料搅拌均匀即可。

■ Tip!

■ 烫好的菠菜应该立即用凉水冲洗，这样可以保持菠菜的绿色外观.不能用力拧挤水分，
   应保持一定的水分才可。

RAU BÓ XÔI TRỘN

Đơn giản nhưng rất thơm ngon và bổ dưỡng.

■ Thành phân

300g rau bó xôi, ¼ thìa muối.

Gia vị : 1 thìa muối 3g, 1 thìa canh hành lá cắt nhỏ 10g, 1 thìa cà phê tỏi băm 3g, 1 thìa súp bột muối mè 7g, 1 thìa canh dầu mè 15g.

■ Tip!

Rau bó xôi giúp giảm nhiệt cơ thể và tăng cường lưu thông máu. Nó loại bỏ nhiệt tích tụ trong cơ thể sau khi uống rượu, loại bỏ độc tố. Rau bó xôi cũng rất tốt cho việc giảm cơn khát và thích hợp cho các bệnh nhân tiểu đường.

■ Cách làm

1. Rửa rau bó xôi thật sạch bằng nước. Trần qua nước sôi có hòa ít muối. Rửa sơ qua bằng nước lạnh, và loại bỏ phần nước thừa bằng cách vắt ráo bằng tay như hình vẽ.
2. Cắt rau thành miếng vừa ăn, trộn gia vị vào.

■ Tip!

■ Sau khi luộc rau bó xôi, nhúng ngay vào nước lạnh để giữ màu xanh của rau. Đừng vắt rau quá mạnh để rau không bị quá khô. Nên giữ lại nước trần.

ស៊ីគីមឈីណាមុល (양념시금치나물)

ពន្លជ់ពីរូបមន្តនេះគឺជាមុខម្ហូបដែលងាយធ្វើ មានរសជាតិឆ្ងាញ់ហើយមាន
ប្រយោជន៍ចំពោះសុខភាព។

■ គ្រឿងផ្សំ៖

ស្ពៃស្ពីណាជ ៣០០ក្រាម អំបិល ¼ស្រាបព្រាកាហ្វេ។

គ្រឿងផ្សំរសជាតិ៖

អំបិល ១ស្រាបព្រាកាហ្វេ (៣ក្រាម) បុកស្ពីកខ្ទឹម ១ស្រាបព្រាកាហ្វេ (១០ក្រាម)
ខ្ទឹមចិញ្ច្រាំ ១ស្រាបព្រាកាហ្វេ (៣ក្រាម) អំបិលលាយល ១ស្រាបព្រាកាហ្វេ
(៧ក្រាម) ប្រេងល្ង ១ស្រាបព្រាកាហ្វេ (១៥ក្រាម)

■ Tip!

ស្ពៃស្ពីណាជ ជួយបញ្ចុះកំដៅក្នុងរាងកាយ ហើយជួយសម្រួលដល់សរសៃឈាមា។ វាជួ
យបន្ធយកំដៅដែល មាននៅក្នុងរាងកាយនៅពេលស្រវឹងស្រា។ មានប្រសិទ្ធិភាពក្នុង
ការបន្ឋាបស្រា ហើយក៍អាចបំបាត់ការ ស្រេកទឹកផងដែរ វាមានប្រយោជន៍សំរាប់អ្នក
ជំងឺទឹកនោមផ្អែម។

■ របៀបធ្វើ

1. លាងស្ពៃស្ពីណាជអោយស្អាត ស្រះជាមួយនឹងទឹកក្តៅ រួចដាក់អំបិលចូល
   បន្តិច។ ដាក់ស្ពៃស្ពីណាជដែល ស្រុះរួចក្នុងទឹកត្រជាក់ ហើយច្របាច់ទឹក
   ចេញ។

2. ហាន់ស្ពៃស្ពីណាជដែលស្រុះរួចអោយខ្លី។ លាយអោយសព្វជាមួយនឹងគ្រឿ
   ងផ្សំរសជាតិ។

■ Tip!

■ បន្ទាប់ពីស្រុះស្ពៃស្ពីណាជ ដាក់វាគ្រាំនៅក្នុងទឹកត្រជាក់ដើម្បីរក្សាពណ៌បៃតងដែលៗ
មិនត្រូវច្របាច់ រ៉ ពូតស្ពៃស្ពីណាជខ្លាំងពេកទេ ត្រូវទុកទឹកខ្លះៗ។

콩나물무침

콩나물무침

콩나물을 아삭하게 삶는 것도 기술입니다. 콩나물을 적당히 삶아서 양념으로 무친 간단한 반찬이지만 우리네 밥상에 빠지지 않고 올라가는 누구나 좋아하는 맛있는 메뉴입니다.

■ 재료

콩나물 300g, 물 100cc (½컵), 소금 1g (½t)

양념: 소금 3g (1t), 다진파 6g (2t), 다진마늘 3g (1t), 깨소금 7g (1T), 참기름 15g (1T)

기타: 고춧가루 조금

■ 만드는 법

1. 콩나물은 깨끗이 씻어 쿠커에 넣고 물에 소금을 타서 가장자리로 부어준 다음 중불로 끓기 시작하면 약불로 줄여 5분 정도 더 둔 다음 불을 끈다.
2. 콩나물을 건져내서 양념을 넣고 무친다.

■ Tip!

■ 콩나물은 삶는 동안 뚜껑을 자주 여닫으면 비린내가 나므로 뚜껑을 덮고 삶아줍니다.

■ 참기름을 넣기 전에 빨갛게 무치고 싶으면 고춧가루를 넣어줍니다.

Congnamul Muchim

(Boiled Bean Sprout Salad)

It requires quite an amount of practice and skill to boil bean sprouts right. This simple, yet flavorful dish is commonly found on the dinner tables of many homes and is somewhat favored by everyone.

■ Ingredients

300g bean sprouts, ½ cup water (100cc), ½ tsp salt (1g)
Seasoning: 1t salt (3g), 1T minced green onion (10g), 1t minced garlic (3g),
1T sesame-salt powder (7g), 1T sesame seed oil (15g)
Others: red chili pepper powder

■ How to Make

1. Wash bean sprouts thoroughly in water and put them in a pot. Pour water, mixed with salt, into the pot along the edge and bring them to boil at a medium heat. Once it starts boiling, lower the heat and leave it for 5 minutes before turning the heat off.
2. Take the bean sprouts out and mix them with the seasoning.

■ Tip!

■ Do not open the lid while boiling bean sprouts, or they will smell later.
■ If you want to have a spicy salad, add some red chili pepper powder before adding sesame seed oil.

大豆もやしの和え物

大豆もやしをさくっと茹でるのも技です。
大豆もやしをほどよく湯でて薬味で和えたシンプルなおかずですが、家庭の
お膳にいつも上がるみんなの大好きなおいしいメニューです。

■ 材料

大豆もやし 300g、水100cc (1/2カップ)、塩1g (1/2t)
薬味: 塩 3g (1t)、ネギのみじん切り 6g (2t)、すりおろしにんにく 3g (1t)、ごま塩 7g (1T)、
ごま油 15g (1T)
その他: 粉唐辛子少々

■ 作り方

1. 大豆もやしをきれいに洗ってクッカーに入れ、水塩を周りから注ぎ入れ、中火にかける。沸騰
   したら火を弱め、さらに5分くらいおいてから火を止める。
2. 大豆もやしを取り出し、薬味を加えて和える。

■ Tip!

■ 大豆もやしは茹でる間に蓋を開けたりすると、生臭さがでるので、蓋をしたまま茹でます。
■ 赤く仕上げたい場合は、ごま油を加える前に唐辛子の粉を入れます。

凉拌豆芽

能把豆芽煮成脆脆的状态也需要一定的烹饪技术。
虽然这是一款简单的豆芽凉拌菜，但在韩国人的餐桌上是不可缺少的男女老少都喜欢的美味食品。

■ 材料

豆芽 300cc、水 100g (1/2杯)、盐 1g (1/2t)
调料：盐 3g (1t)、葱末 6g (2t)、蒜末 3g (1t)、芝麻盐 7g (1T)、芝麻油 15g (1T)
其他：少许辣椒粉

■ 做法

1. 豆芽洗净，放入煮锅，放一些盐，用中火煮开后，再用小火继续煮5分钟，关火。
2. 捞出豆芽，拌入调料，搅拌均匀即可。

■ Tip!

■ 煮豆芽时，如果经常打开锅盖的话，煮出来的豆芽会有腥味，因此煮豆芽时一定要盖好锅盖。
■ 放入芝麻油之前，先放入辣椒粉，这样拌出来的豆芽会更红润。

GIÁ TRỘN

Hãy học cách luộc giá chín đúng lúc. Đây là món ăn đơn giản nhưng không thể thiếu trong bữa ăn tối hằng ngày.

■ Thành phân

300g giá, ½ chén nước 100g, 1 thìa cà phê muối 1g.

Gia vị : 1 thìa cà phê muối 3g, 1 thìa canh hành lá cắt nhỏ 6g, 1 thìa cà phê tỏi băm 3g, 1 thìa canh bột muối mè 7g, 1 thìa canh dầu mè 15g, một ít bột ớt nếu vần thiết.

■ Cách làm

1. Rửa kỹ giá bằng nước sạch và cho vào nồi, sau đó cho nước đã có muối vào (1 thìa cà phê), đun bằng lửa vừa, khi nước đã sôi, giảm lửa và giữ thêm 5 phút.
2. Vớt giá và trộn gia vị vào.

■ Tip!

- Không mở nắp vung khi đang luộc giá, nếu không giá sẽ có mùi sau đó.
- Nếu muốn làm món trộn mặn mà hãy thêm chút bột ớt trước khi cho dầu mè.

យុងណាមុលមុឈីម

(ញាំសណ្ដែកបណ្ដុះ)

វត្ថុការហ្វឹកហាត់ និង ជំនាញក្នុងការចំអិនសណ្ដែកបណ្ដុះនេះ។ គេតែងតែឃើញមុខម្ហូបដែល ធម្មតាតែដ៏មានឱជារសនេះ នៅលើតុអាហាររបស់គ្រួសារជាច្រើន ហើយទទួលបានការពេញនិយមពី មនុស្សរាល់គ្នា។

■ គ្រឿងផ្សំ៖

សណ្ដែកបណ្ដុះ ៣០០ក្រាម ទឹក ½កែវ (១០០ក្រាម) អំបិល ½ស្រាបព្រាកាហ្វេ (១ក្រាម)

គ្រឿងផ្សំរសជាតិ៖ អំបិល ១ស្រាបព្រាកាហ្វេ (៣ក្រាម) ស្ពឹកខ្ទឹមចិញ្ច្រាំ ២ស្រាបព្រាកាហ្វេ (៦ក្រាម) ខ្ទឹមចិញ្ច្រាំ ១ស្រាបព្រាកាហ្វេ (៣ក្រាម) អំបិលលាយល្វ ១ស្រាបព្រាកាហ្វេ (៧ក្រាម) ប្រេងល្ង ១ស្រា បព្រាកាហ្វេ (១៥ក្រាម)។

ផ្សេងៗ៖ ម្សៅម្មេស ១ស្រាបព្រាកាហ្វេ

■ របៀបធ្វើ

1. លាងសណ្ដែកបណ្ដុះអោយស្អាត ហើយដាក់ក្នុងឆ្នាំង។ ដាក់ទឹកចូល លាយជាមួយអំបិល ហើ យស្ងោរ ជាមួយនឹងភ្លើងមធ្យម។ បន្លយភ្លើងនៅពេលដែលទុក ហើយទុករយៈពេល ៥នាទី សិ មបិទភ្លើង។

2. ដួសសណ្ដែកបណ្ដុះចេញពីឆ្នាំង ហើយលាយជាមួយនឹងគ្រឿងផ្សំរសជាតិ។

■ Tip!

■ មិនត្រូវបើកគំរបនៅពេលដែលសណ្ដែកបណ្ដុះកំពុងពុះទេ ពុំនោះទេ វានឹងមានក្លិន នៅពេលក្រោយ។

■ ប្រសិនបើអ្នកចង់បានញាំដែលមានរសជាតិហឹរ ត្រូវដាក់ម្សៅម្មេសចូល មុនពេលដែល ដាក់ប្រេងល្ង។

계란찜

Gyeran-jjim　卵蒸し　蒸鸡蛋
TRỨNG CHƯNG CÁCH THỦY
កៅនដីម

계란찜

부드럽고 매끄러운 계란찜은 어른아이 할 것 없이 누구나 좋아하는 메뉴로 계란만 있으면 손쉽게 만들 수 있습니다.

■ 재료

계란 150g (3개), 물 200cc (1컵), 소금 3g (1t), 새우젓 다져서 2g (½t), 참기름 조금
고명: 송송 썬 실파 2g (1뿌리), 깨소금 2g (1t), 고춧가루 조금

■ 만드는 법

1. 계란과 물을 섞어준 후 소금, 새우젓을 넣어 간한다.
2. 뚝배기에 참기름을 바르고 풀어놓은 계란을 담고 고명을 얹는다.
3. 불에 얹어(중약불) 끓으면 불을 아주 약하게 줄여 5분 정도 뜸을 들인 다음 불을 끄고 조금 더 뜸을 들인다.

■ Tip!

■ 뚝배기에 참기름을 발라주면 달라붙지 않아 좋습니다.
■ 불조절이 중요합니다. 너무 센불로 하면 속이 익기 전에 겉이 타버리므로 중약불에서 시작해서 익으면 약불로 뜸을 들여줍니다.

Gyeran-jjim (Steamed Eggs)

The creamy, silky steamed eggs are favored by children and adults alike. This homely dish is extremely easy to make with ingredients you can always find at home.

■ Ingredients

3 eggs (150g), 1 cup water (200cc), 1t salt (3g), ½ t salted shrimp (2g), sesame seed oil

To garnish: 1 stem minced green onion (2g), 1t powdered salted sesame seeds (2g), finely ground dried red chili pepper powder

■ How to Make

1. Mix the eggs with water. Taste it with salt and salted shrimp.
2. Spread sesame seed oil throughout the inside of the ddukbaegi. Pour the beaten eggs mixed with water into the ddukbaegi. Add the garnished ingredients.
3. Place the ddukbaegi on a low-to-medium heat. Once it starts boiling, lower the heat to the minimum and leave it on the heat for 5 minutes. Turn the heat off and let it sit for a few more minutes.

■ Tip!

■ Rub the inner lining of the ddukbaeki with a little sesame seed oil to prevent the egg from sticking.

■ It is crucial to adjust the heat well. Do not cook the eggs over too high a heat, or the outer surface will get burnt while the inner part remains uncooked.
Start cooking from a low- to medium heat. When the eggs are cooked, leave them on a low heat for a little while.

卵蒸し

ふんわりと柔らかい卵蒸しは、大人・子供を問わず誰もが好きなメニューで、卵だけあれば簡単に作れます。

■ 材料

卵 150g (3個)、水 200g (1カップ)、塩 3g (1t)、細かく刻んだ海老塩辛 2g (1/2t)、ごま油少々
薬味: 細かく刻んだ糸ネギ 2g (1本)、ごま塩 2g (1t)、粉唐辛子少々

■ 作り方

1. 卵と水を混ぜた後、塩と海老塩辛を入れて味付けする。
2. トゥッペギ(土鍋)の内側にごま油を塗り、ほぐした卵を入れ、薬味をのせる。
3. 火(中弱火)にかけて沸騰したら火を一番弱くして5分くらいよく蒸らしてから、火を止めてもう少し蒸らす。

■ Tip!

- ■ トゥッペギ(土鍋)にごま油を塗ると、こびり付かなくていいです。
- ■ 火の調節が重要です。
  火が強すぎると、中まで火が通る前に表面が焦げてしまうので、最初は中弱火にかけ、ある程度火が通ったら弱火で蒸らします。

蒸鸡蛋

柔嫩爽滑的蒸鸡蛋是老幼皆宜的家常菜肴，只要有鸡蛋谁都可以轻松烹制。

■ 材料

鸡蛋 150g (3个)、水 200cc (1杯)、盐3g (1T)、虾酱 2g (1/2t)、芝麻油少许
配料: 葱丝 2g (1根)、芝麻盐 2g (1t)、辣椒粉少许

■ 做法

1. 鸡蛋中加水搅拌均匀后，用盐、虾酱调味。
2. 把芝麻油涂在石锅内壁，把调好的鸡蛋汁倒入石锅内，并把准备好的配料洒在上面。
3. 用中小火煮开后调至最小火再蒸5分钟左右，熄火，再焖一会儿即可。

■ Tip!

■ 砂锅内壁涂抹适当的芝麻油，这样可以防止粘锅。

■ 火候控制非常重要。

　如果火太大的话，内部煮熟之前外部先会烤焦，所以刚开始煮时应该用中小火，煮开后再用小火焖一会儿。

TRỨNG CHƯNG CÁCH THỦY

Trứng chưng cách thủy mềm và mịn như kem là thức ăn được cả trẻ em và người lớn ưa thích. Món ăn gia đình này rất dễ chế biến từ các nguyên liệu có sẵn tại nhà.

■ Thành phân

3 quả trứng 150g, 1 chén nước 200g, 1 thìa cà phê muối 3g, ½ thìa cà phê tôm muối 2g, dầu mè.

Trình bày : 1 nhánh hành lá thái nhỏ, 1 thìa bột muối mè 2g, ớt bột.

■ Cách làm

1. Trộn trứng với nước. Nên thêm muối và tôm muối.

2. Quét dầu mè khắp bát đất. Đổ trứng đã đánh với nước vào trong bát đất và thêm các thành phần trình bày.

3. Đặt bát đất vào bếp từ nhiệt độ thấp đến trung bình. Khi bắt đầu sôi, vặn nhỏ lửa xuống mức thấp nhất và duy trì trong 5 phút. Tắt lửa và để thêm vài phút nữa trên bếp.

■ Tip!

■ Quét một lớp dầu mè phủ khắp bát đất để trứng không bị dính.

■ Việc điều chỉnh nhiệt độ hợp lý ; Khi hấp trứng, không để nhiệt độ quá cao bếu không lớp vỏ ngoài của trứng sẽ bị cháy đen, trong khi phần bên trong vẫn chưa chín kỹ. Bắt đầu làm món trứng bằng nhiệt độ thấp, sau đó điều chỉnh đến nhiệt độ trung bình. Khi trứng đã chín thì nên để ở nhiệt độ thấp.

កេវ៉័នជីម

ពងមាន់ចំហុយនេះ ទទួលបានការចូលចិត្តពីទាំងមនុស្សចាស់ និង ក្មេងៗ។ មួយប្រចាំគ្រួសារមួយមុខនេះ គឺងាយនឹងធ្វើ ហើយងាយក្នុងការស្វែងរកគ្រឿងផ្សំណាស់។

■ គ្រឿងផ្សំ

ពងមាន់ ៣ (១៥០ក្រាម) ទឹក ១កែវ (២០០ក្រាម) អំបិល ១ស្រាបព្រាការហ្វេ (៣ក្រាម) កំពីសគ្រាំ ½ ស្រាបព្រាការហ្វេ (២ក្រាម) ប្រេងល្ង។
គ្រឿងផ្សំរសជាតិ: ខ្ទឹមបុក ១ដើម (២ក្រាម) អំបិលលាយល្ងបុក ១ស្រាបព្រា ការហ្វេ(២ក្រាម) ម្សៅម្សេ

■ របៀបធ្វើ

1. លាយពងមាន់ជាមួយនឹងទឹក។ ភ្លក្សរសជាតិ ហើយថែមអំបិល និង កំពីស គ្រាំ។

2. លាបប្រេងល្ងនៅក្នុងឆ្នាំងពេគី។ ចាក់ពងមាន់ដែលវៃ្រចចូលក្នុងឆ្នាំងពេគី។ ដាក់គ្រឿងផ្សំរសជាតិចូល។

3. ដាក់ឆ្នាំងពេគីនៅលើភ្លើងមធ្យម។ បន្លយភ្លើងនៅពេលដែលវាពុះ ហើយទុ កករយៈពេល ៥នាទី។ បិទភ្លើង ហើយទុកប៉ុន្មាននាទី។

■ Tip!

■ ជូតផ្នែកខាងក្នុងនៃឆ្នាំងពេគី ដោយប្រើប្រេងល្ង ដើម្បីកុំអោយពងមាន់ស្អិតជាប់នឹងឆ្នាំង

■ វមានសារ:សំខាន់ណាស់ក្នុងការគ្រប់គ្រងកំដៅអោយបានល្អ។មិនត្រូវប្រើកំដៅខ្លាំង ពេក កុំនោះទេ ផ្នែកខាងក្រៅនឹងខ្លោច នៅពេលដែលផ្នែកខាងក្នុងមិនទាន់ឆ្អិន។ ចាប់ផ្ដើមប្រើភ្លើងតិចៗ បន្ទាប់មកប្រើភ្លើងមធ្យម។ នៅពេលដែលពងមាន់ឆ្អិន ត្រូវប្រើ ភ្លើងតិចៗ។

두부조림

두부조림

매콤하면서 입맛 당기는 두부조림입니다.

■ 재료

두부 420g (1모: 소금 조금, 포도씨오일 조금), 대파 20g
조림장: 물 45cc (3T), 간장 45g (3T), 설탕 12g (1T), 고춧가루 7g (1T), 미림 17g (1T),
다진마늘10g (1T), 후추 조금

■ 만드는 법

1. 두부는 1.5cm 두께로 도톰하게 썰어 소금을 뿌려 20분 정도 둔 다음 종이타월로 수분을
   제거하고, 대파는 얇게 어슷썰어 준비한다.
2. 예열한 팬에 노스틱을 깔고 포도씨오일을 조금 두른 다음 두부를 넣고 앞뒤로 노릇하게 지
   져낸다.
3. 쿠커에 조림장을 넣고 끓으면 지져낸 두부를 넣고 양념장을 끼얹어 가며 조리다가 어느 정
   도 조려지면 대파를 넣고 마무리 한다.

■ Tip!

■ 두부는 소금을 뿌려두면 밑간도 되지만 수분이 빠져 단단해져서 조릴 때 부서지지 않습니다
■ 두부를 지질때 기름을 넣지 않고 지지면 더욱 깔끔하고 담백한 맛을 낼 수 있습니다.
  노스틱을 깔고 지지면 기름을 넣지 않아도 달라붙지 않아 좋습니다.

Dubu-jorim (Boiled and Sauced Tofu)

This spicy, savory dish will stimulate your appetite.

■ Ingredients

1 tofu (420g) seasoned with salt and grape seed oil, 20g leek
Sauce: 3T water (45cc), 3T soy sauce (45g), 1T sugar (12g), 1T red chili pepper powder (7g), 1Tb
Mirim (17g), 1T minced garlic (10g), ground black pepper

■ How to Make

1. Cut tofu into 1.5cm-thick pieces. Sprinkle salt and let it sit for 20 minutes or so. Then remove the excess water from the tofu using a paper towel. Cut the leeks into long pieces.
2. Add grape seed oil into a preheated pan. Fry the pieces of tofu, until both sides become golden-colored.
3. Add the ingredients for the seasoning into a deep sauce pan and bring them to the boil. Add the fried tofu and cook the ingredients on a medium heat until the sauce becomes thick. Add the leeks at the last minute.

■ Tip!

■ Salt tofu before cooking. It not only marinates the tofu, but makes the tofu even more solid and easier to cook by draining excess moisture from it.
■ You can make the tofu taste even better by avoiding oil.
  Fry the tofu pieces on a non-stick pan or by adding Nostick to the pan before cooking.

豆腐煮込み

ピリッと辛くて食慾をそそる豆腐の煮込みです。

■ 材料

豆腐 420g (1丁)、(塩少々、ぶどう種油少々)、ネギ 20g
煮込みソース：水 45cc (3T)、醤油 45g (3T)、砂糖 12g (1T)、粉唐辛子 7g (1T)、
味醂 17g (1T)、すりおろしにんにく 10g (1T)、胡椒少々

■ 作り方

1. 豆腐は1.5cmの厚さに少し厚めに切り、塩を振りかけて20分くらいおいてから紙タオル
   で水気を切り、ネギは薄く斜め切りにして準備する。
2. 余熱したフライパンにノースティックを敷き、ぶどう種油を少しひいてから、豆腐の表と裏
   をきつね色に焼く。
3. クッカーに煮込みソースを入れて、沸騰したら焼いた豆腐を入れ、薬味ソースをかけながら
   煮込み、ある程度煮込んだらネギを加え、仕上げる。

■ Tip!

■ 豆腐は塩を振りかけておくと、下味も付きますが、水分が抜けて身が締まりますので、煮込む
　時に崩れにくくなります。
■ 豆腐を焼く時に油を引かずに焼くと、よりさっぱりしていて淡白な味が出せます。
　ノースティックを敷いて焼くと、油を引かなくてもくっつかなくていいです。

烧豆腐

甜辣口味的美食－烧豆腐。

■ 材料

豆腐 420g（1块）(盐少许、葡萄籽油少许)、大葱20g
调味汁：水 45g（3T）、酱油 45g（3T）、白糖 12g（1T）、辣椒粉 7g（1T）、料酒 17g（1T），
　　　　蒜末 10g(1T)、胡椒粉少许

■ 做法

1. 豆腐按1.5cm厚度切成片，并洒些盐，用纸巾吸收水分，大葱则切成斜丝即可。
2. 在已经预热的不粘锅里倒入一些葡萄籽油，然后放入豆腐煎至双面呈金黄色为止。
3. 把调味汁放入炊具中煮开，然后放入煎好的豆腐，并把调料均匀地洒在豆腐上，用小火炖煮，最后放入葱丝即可。

■ Tip!

■切好的豆腐上面撒一些盐，这样不仅能起到调味作用，而且还能挤出水分，使豆腐块更加结实。
■煎豆腐时如果不放入食用油，料理的外观会更加整洁，味道会更加鲜美。
　如果用NOSTIK煎豆腐的话，不放食用油也不会粘锅。

ĐẬU PHỤ XỐT

Món ăn mặn với nhiều gia vị này sẽ kích thích bạn ăn ngon miệng.

■ Thành phần

Đậu phụ (420g), muối, dầu hạt nho, 20g hành lớn.

Nước xốt : 3 thìa súp nước, 3 thìa súp nước tương (45cc), 1 thìa súp đường 12g, 1 thìa súp bột ớt 7g, 1 thìa Mirrim 17g, 1 thìa súp tỏi bằm 10g, một ít tiêu đen xay.

■ Cách làm

1. Cắt đậu phụ thành miếng dày 1.5cm, rắc muối để 20 phút hoặc lâu hơn, sau đó dùng khăn giấy thấm hết nước thừa trong đậu phụ. Cắt hành lớn thành miếng dài.

2. Cho dầu hạt nho vào trong chảo đã nóng, rán đậu phụ cho đến khi hai mặt chín vàng.

3. Cho các thành phần nước xốt vào một chảo sâu lòng, đun sôi. Cho đậu phụ đã rán vào và rim trên lửa vừa cho đến khi nước xốt đặc lại, cho hành lớn sau cùng.

■ Tip!

■ Nên rắc một chút muối lên bề mặt đậu phụ trước khi nấu. Nó không chỉ là cách ướp đậu mà còn làm cho đậu chắc hơn và dễ nấu hơn do rút hết những nước thừa từ đậu hũ.

■ Đậu hũ có thể rán ngon hơn mà không cần dùng dầu ăn bằng cách rán chúng bằng một chảo không dính hoặc trên lớp nhựa chống dính đặt vào chảo trước khi nấu.

ទួរប៊ូរីម (ស៊្យេរតៅហ៊ូ)

មុនម្ហូបមួយមុខនេះ នឹងជួយអោយអ្នកទទួលទានអាហារបានច្រើន។

■ គ្រឿងផ្សំ៖

តៅហ៊ូ ១ដុំ ប្រលាក់ជាមួយអំបិល និង ប្រេងទំពាំងបាយជូរ ស្ងួកខ្ទឹម ២០ក្រាម
គ្រឿងផ្សំរសជាតិ៖ ទឹក ៣ស្រាបព្រាកាហ្វេ (៤៥ក្រាម) ទឹកស៊ីអ៊ីវ ៣ស្រាបព្រាកាហ្វេ (៤៥ក្រាម) ស្ករស ១ស្រាបព្រាកាហ្វេ (១២ក្រាម) ម្សៅម្សេស ១ស្រាបព្រាកាហ្វេ (៧ក្រាម) ម៊ីរីម ១ស្រាបព្រាកាហ្វេ (១៧ក្រាម) ខ្ទឹមបុក ១ស្រាបព្រាកាហ្វេ (១០ក្រាម) ម្រេចម៉ត់។

■ របៀបធ្វើ

1. ហាន់តៅហ៊ូជាចំនិត ១.៥សមា។ រោយអំបិលហើយទុក ២០នាទី។ យកទឹកចេញដោយប្រើក ន្សែង ក្រដាស។ ហាន់ស្ងួកខ្ទឹមជាសរសៃ។

2. ដាក់ប្រេងទំពាំងបាយជូរចូលក្នុងខ្ទះក្តៅ។ ចៀនតៅហ៊ូអោយឡើងពណ៌លឿង។

3. ដាក់គ្រឿងផ្សំរសជាតិចូលក្នុងឆ្នាំង ហើយទុកអោយពុះ។ ដាក់តៅហ៊ូដែលចៀនរួចចូល ហើយស្ងោ រគ្រឿងផ្សំទាំងអស់ដោយប្រើភ្លើងមធ្យម រហូតដល់ទឹកខាប់។ ហើយដាក់ស្ងួកខ្ទឹមចូល។

■ Tip!

■ ប្រលាក់តៅហ៊ូជាមួយនឹងអំបិលមុននឹងចំអិន។ វាមិនត្រឹមតែគ្រាំតៅហ៊ូអោយចូលជាតិ ប៉ុណ្ណោះទេ ថែមទាំងធ្វើ អោយតៅហ៊ូកាន់តែរឹង នឹងងាយស្រួលក្នុងការចំអិន ព្រោះ បានជាតិទឹកនៅក្នុងតៅហ៊ូចេញមកក្រៅ។

■ អ្នកអាចធ្វើអោយតៅហ៊ូមានរសជាតិកាន់តែឆ្ងាញ់ដោយចៀនសងរាងការប្រើខ្លាញ់។ ចៀនតៅហ៊ូដោយប្រើខ្លះដៃ លមិនជាប់ រ ឺអាចប្រើគ្រឿងអ៊ីផ្សេងនៅក្នុងខ្ទះមុននឹង ចៀន។

장조림

Jangjorim　チャンジョリム　酱牛肉
THỊT BÒ BẮP KHO TƯƠNG
តាំងឈ្យុរឹម

장조림

밑반찬 하면 빼놓을 수 없는 장조림은 지방이 적고 씹는 맛이 좋은 사태로 만들었습니다
양념장이 넉넉해 고기를 건져 먹고 남은 양념장에 계란, 고추 등을 넣고 다시 조려 반찬
으로 활용할 수 있습니다.
돼지고기로 장조림을 할 경우에는 마른 홍고추를 넣어주면 칼칼한 맛이 나서 좋습니다.

■재료

사태 600g, 물 200cc (1컵), 마늘 30g (6쪽), 통후추 5g (½T)
양념: 간장 200g (1컵), 매실 원액 60g (3T)
기타: 꽈리고추 30g (8개), 삶은 메추리알 10개

■ Tip!

사태 대신에 홍두깨살, 우둔살로 만들어도 좋습니다 .
매실 원액 대신 설탕을 넣고 만들어도 되지만, 몸에 좋은 매실 원액을 넣고 만들어 보세요.

■만드는 법

1. 사태는 통째로 찬물에 30분 정도 담가 핏물을 뺀 다음 4~5cm 길이로 토막을 내서 끓는
   물에 살짝 삶아낸다.
2. 쿠커에 재료를 넣고 고기가 무르게 푹 끓인 후 양념을 넣고 약불로 줄여 조려서 식성에 따
   라 삶은 메추리알, 꽈리고추를 넣고 살짝 끓인 후 불을 끈다.

Jangjorim (Beef Strips Boiled down in Soy Sauce)

Jangjorim, a beloved side dish on Koreans' dinner tables, is made of shin fore shank, which has a chewy texture and contains little fat.
You can recycle the sauce, by boiling eggs, chili peppers and so forth in it.
If you want to use pork instead of beef, add some dried red chili peppers to add the spice to it.

■ Ingredients

Beef (shin fore shank, 600g), 1 cup water, 6 garlic cloves, 1/2T freshly ground black pepper
Sauce: 1 cup soy sauce, 3T Japanese apricot syrup
Others: 8 twisted chili peppers, 10 boiled quail eggs

■ Tip!

You may substitute top round cap off for shin fore shank.
You may use sugar instead of the Japanese apricot syrup. But the syrup is healthier and tastier.

■ How to Make

1. Leave the chunk of shin fore shank in cold water for about 30 minutes to drain it of blood. Cut it into 4~5cm-thick slices and dip each slice into boiling water.
2. Put the beef into a deep pot. Boil them until the meat is tender. Put the sauce in and continue to boil until it begins to thicken. Put quail eggs and chili peppers in the end and boil for a few minutes. Turn off the heat.

チャンジョリム(牛肉の醤油煮)

おかずの定番チャンジョリム（牛肉の醤油煮）は脂肪が少なく噛みごたえのいいすねを使いました。
合わせ調味料が十分ですので、肉を食べた後残った合わせ調味料に卵や唐辛子などを入れて再度煮れば、おかずに活用できます。
豚肉でチャンジョリム（牛肉の醤油煮）を作る場合は、干し赤唐辛子を入れるとピリっとしておいしいです。

■ 材料

すね 600g、水 1カップ、にんにく 30cc (6片)、粒胡椒 5g (½T)
合わせ調味料：醤油1カップ、梅エキス 60g (3T)
その他：ししとう 8 本、茹でたうずらの卵 10個

■ Tip!

すねの代わりにもも肉、牛臀肉を使ってもいいです。
梅エキスの代わりに砂糖で作ってもいいですが、体にいい梅エキスを入れて作ってみてください。

■ 作り方

1. すねは丸ごと冷たい水に30分くらい浸して血の気を抜き、4〜5cmの長さに切り、煮え湯にさっと茹でる。
2. クッカーに材料を入れ、肉が柔らかくなるまでじっくり煮てから、合わせ調味料を加え、火を弱めてさらに煮込む。お好みによって茹でたうずらの卵とししとうを加え、かるく沸騰した後、火を止める。

酱牛肉

说起配菜就不得不提酱牛肉，本料理选用低脂肪、嚼感好的牛键肉制成。
佐料充分，捞吃完肉后，在剩下的佐料里放入鸡蛋、辣椒等，重新再熬，还可以当做配菜。
酱猪肉时，如果放入干红辣椒添加辣辣的味道，也很不错。

■ 材料

牛键肉600g、水1杯、大蒜6瓣、整粒胡椒½T
佐料: 酱油1杯，梅果浓汁3T
其它: 小辣椒8个，熟鹌鹑蛋10个

■ Tip!

可以用牛眼肉、牛臀肉代替牛键肉制作。

可以用白砂糖代替梅果浓汁。但是，最好选用有益于健康的梅果浓汁。

■ 做法

1. 将整个牛键肉用凉水浸泡30分钟，洗净血水，以4~5cm长度切块，在沸水中焯水。
2. 在锅里放入材料，肉煮烂后，放入佐料用小火继续熬炖，根据口味喜好，可以放入鹌鹑蛋、小辣椒，再稍炖一下后关火。

THỊT BÒ BẮP KHO TƯƠNG

Món ăn khoái khẩu của người hàn quốc, được làm từ thịt bò bắp, không chứa nhiều chất béo và rất giòn khi nhai. Sau khi đã dùng thịt kho, phần nước kho có thể dùng lại bằng cách cho trứng và ớt nấu lại.
Nếu trong trường hợp làm bằng thịt heo thì cho ớt khô vào để thêm gia vị.

■ Thành phân

600g thịt bắp, 1 chén nước, 5 tép tỏi, ½ thìa súp tiêu.
Gia vị : 1 chén nước tương, 3 thìa súp lớn si-rô nước mơ Nhật Bản.
Gia vị khác : 8 trái ớt, 10 trứng cút luộc.

■ Tip!

có thể thay thịt bắp thành thịt mông, có thể thay thế si-rô mơ Nhật bản bằng nước đường nhưng si-rô mơ sẽ đem lại vị ngon hơn và tốt hơn cho sức khỏe.

■ Cách làm

1. Cho thịt bắp vào ngâm trong nước lạnh khoảng 30 phút để loại bỏ phần tiết dính ở thịt, cắt thành từng miếng có chiều dài 4-5cm, trần qua nước sôi.
2. Cho thịt vào nồi kho cho đến khi thật mềm, sau đó cho gia vị vào và đun nhỏ lửa đến khi nước kho đặc lại, sau cùng cho trứng cút và ớt và nấu sôi thêm vài phút.

គាំងឈ្យរឹម

ខគោនេះជាម្ហូបសាមញ្ញក់ពិតមែនតែជាម្ហូបមិនអាចអត់បានហើយរមានជាតិ
ខ្លាញ់តិច យើងអាចយកសាច់ចេញ ហើយគ្រឿងផ្សំដែលនៅសល់នោះដូចជា
ពងមាន់ ម្ទេសនិ ង ផ្សេង១ទៀតទុកធ្វើម្ហូបម្ដងទៀតបាន ។ ក្នុងករណីធ្វើ
សាច់ជ្រូក ត្រូវយកម្ទេសក្រហ ម គ្រៀមដាក់ ទើបធ្វើអោយរសជាតិឆ្ងាញ់ ។

■ គ្រឿងផ្សំ៖

សាច់សាថ៦០០ក្រាម ទឹកមួយកែវ ខ្ទឹមៗកំពិស ម្រេចគ្រាប់កន្លះស្លាបព្រាកាហ្វេ
គ្រឿងផ្សំរសជាតិ៖ ទឹកស៊ីអ៊ុមួយកែវ ទឹកសារ៉ៃផ្អែម៉ែសិសៗ៣ស្លាបព្រា
ផ្សេង១៖ ម្ទេសឈ្មោះក្បារ៉ែផ្អែ ពងត្រូចស្ងោរហើយ១០គ្រាប់

■ Tip!

អាចយកសាច់ហ៊ុងដូតែសៀល រឺសាច់អ៊ូចូនសៀល មកធ្វើជំនូស សាច់សាថេក៏ល្អែដែរ ។

■ របៀបធ្វើ

1. ស្រង់សាច់ដែលត្រាំទឹកប្រហែល៣០នាទីចេញ ហើយហាន់ប្រវែង៤ទៅ៥សង់
   ទីម៉ែត រួច ដាក់ស្ងោមួយស្របក់

2. ដាក់គ្រឿងផ្សំចូលស្ងោសាច់អោយឆ្អិនល្អ បន្ទាប់មកដាក់គ្រឿងផ្សំរសជាតិចូល
   រួច បើក ភ្លើងតិច១ មើលថាល្អមហើយដាក់ពងត្រូចដែលឆ្អិននិងម្ទេសក្បារ៉ៃចូល
   វិងាស់ទុក អោយ ពុះបន្តិចហើយចាំបិទភ្លើង ។

요리
메모

- 떡볶이 Toppokki トッポキ 炒年糕 TTOK-BUK-KI តកពុកគី
- 김밥나라 Kimbap–nara キンパブ 紫菜包饭 CƠM CUỘN LÁ RONG BIỂN បាយរុំ
- 멸치국수 Myeolchi–guksu ミョルチグッス 鳀鱼面 BÚN CÁ CƠM នំបញ្ចុកស៊ុបត្រី
- 쇠고기 비빔국수 Soegogi bibim guksu 牛肉入リビビン麺 牛肉凉拌面 MÓN TRỘN THỊT BÒ
  សេកូគីពីពីមតុកស្ងៃ (មីហឺរជាមួយនឹងសាច់គោ)

떡볶이

Toppokki　トッポキ　炒年糕
TTOK-BUK-KI　តុកពុកគី

떡볶이

한국인이 제일 좋아하는 간식 1호인 떡볶이를 만들어 봅시다.
매콤 얼얼한 떡볶이는 어른, 아이 할 것 없이 누구나 좋아하는 음식입니다.

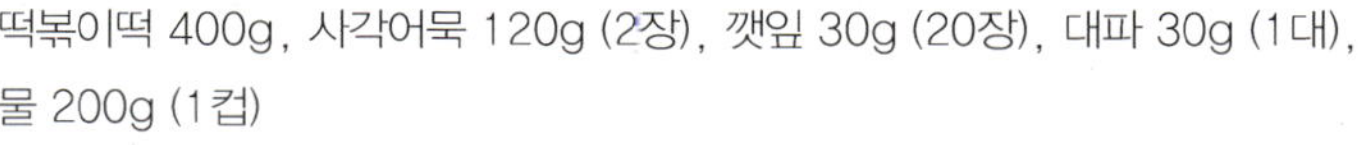

■ 재료

떡볶이떡 400g, 사각어묵 120g (2장), 깻잎 30g (20장), 대파 30g (1대),
물 200g (1컵)
고추장 양념: 고추장 36g (2T), 고춧가루 7g (1T), 케찹 18g (1T), 간장 15g (1T)
물엿 42g (1½T), 설탕 6g (½T), 다진마늘 조금, 통깨 조금

■ 만드는 법

1. 어묵은 네모로 썬다.
   대파는 어슷썬다.
   깻잎은 굵게 채썬다.
   고추장 양념은 섞어 놓는다.
2. 쿠커에 물 1컵을 넣고 끓으면 양념장을 넣고 센불에서 바글바글 끓이다가 떡, 어묵, 깻잎,
   대파를 넣고 중불에서 저어가며 볶은 후 통깨를 넣고 마무리 한다.

■ Tip

■ 말랑한 떡은 손질할 필요없이 바로 조리하지만 냉동이나 냉장에 두어 딱딱해진 떡은 끓는 물
에 데쳐내서 사용하는 게 좋습니다.

Toppokki

Make this most popular snack of Koreans at home today.
This spicy, sweet dish will surely become a favorite of all your family members.

■ Ingredients

Toppokki rice cake (400g), rectangular eomuk (fish cake, 120g or 2 slices), sesame leaves (30g or 20 leaves), 1 leek (30g), 1 cup water (200cc)
Red Chili Pepper Sauce: 2T red chili pepper paste (36g), 1T red chili pepper powder (7g), 1T ketchup (18g), 1T soy sauce (15g), 1½T starch syrup (42g), ½T sugar (6g), minced garlic, whole roasted sesame seeds

■ How to Make

1. Cut the eomuk into rectangular pieces. Slice the leek and sesame leaves into thin strips. Prepare the red chili pepper sauce and put it aside.
2. Boil 1 cup of water in a pot. When it starts boiling, put the red chili pepper sauce in and boil at a high heat. Add toppokki rice cake, eomuk, sesame leaves, and leek and lower the heat to medium. Add whole roasted sesame seeds at the end.

■ Tip

■ You can use unfrozen toppokki rice cake right away without additional preparation. Frozen ones, however, should be boiled in boiling water beforehand.

トッポキ

韓国人が一番好きなおやつであるトッポッキを作ってみます。
ピリッと辛いトッポッキは、大人・子供を問わず誰もが好きな食べ物です。

■ 材料

トッポッキ用のお餅 400g、四角おでん 120g (2枚)、ゴマの葉 30g (20枚)、長ネギ 30g (1本)、
水 200cc (1カップ)
ゴチュジャンソース: ゴチュジャン 36g (2T)、粉唐辛子 7g (1T)、ケチャップ 18g (1T)、醤油 15g (1T)、
水あめ 42cc (1½T)、砂糖 6g (½T), すりおろしにんにく少々, 炒りごま少々

■ 作り方

1. おでんは角切りにする。
   長ネギは斜め切りにする。
   ゴマの葉は太切りにする。
   ゴチュジャンソースは混ぜ合わせておく。
2. クッカーに水1カップを入れて沸騰したら、ゴチュジャンソースを加え、強火でグツグツ煮込む。
   餅、おでん、ゴマの葉、長ネギを入れ、中火で混ぜながら炒めた後,炒りごまを入れて出来上がり。

■ Tip

■柔らかい餅は別の下ごしらえをする必要なくそのまま調理できますが、冷凍や冷蔵で保管して固くなった餅は、煮え湯
　に茹でて使った方がいいです

炒年糕

辣辣的炒年糕是大人、小孩都非常喜爱的食物。
让我们来试着做一做韩国人最喜欢的一号小吃炒年糕吧。

■ 材料

年糕 400g、鱼糕 120g (2张)、芝麻叶 30g (20张)、大葱30g (1根)、水200cc (1杯)
辣椒酱佐料：辣椒酱 36g (2T)、辣椒面 7g (1T)、番茄酱18g (1T)、酱油 15g (1T)、
麦芽糖 42g (1½T)、白砂糖 6g (½T)，蒜末少许，芝麻少许

■ 做法

1. 鱼糕切成小方块。
   大葱斜切丝；
   芝麻叶切成粗丝；
   拌好辣椒酱佐料。
2. 锅里放入1杯水，烧开后放入佐料，用大火煮开后，放入年糕、鱼糕、芝麻叶、大葱，
   调中火，边搅拌、边翻炒后放入芝麻出锅。

■ Tip

■ 柔软的年糕不必另外收拾，但是，冷冻或冷藏过的、变硬的年糕要在沸水中焯水后再使用。

TTOK-BUK-KI

Ttok-buk-ki là món ăn nhẹ phổ biến của người Hàn quốc, với hương vị cay ngọt, món ăn này chắc chắn sẽ được gia đình bạn yêu thích.

■ Thành phân

Bánh nếp ttok 400g, chả cá o-mok 120g (2 miếng), lá mè 20g (20 cái), hành lớn 30g, 1 chén nước 200cc.

Nguyên liệu làm tương ớt : tương ớt 36g (2 thìa), bột ớt 7g (1 thìa), Ket-chup (tương cà chua) 18g -1 muỗng súp, si-rô bột khoai tây 42g (1.5 muỗng canh), đường 6g (1 muỗng cà phê), tỏi bằm, một nắm hạt mè.

■ Cách làm

1. Cắt chả cá thành miếng hình vuông, hành lớn cắt lát, cắt lá mè thành sợi, chuẩn bị sẵn gia vị tương ớt.

2. Cho 1 chén nước và nồi, đun sôi, cho tương ớt vào, tăng lửa, và đun sôi lần nữa, sau đó cho ttok, chả cá, lá mè, hành lớn, đun tiếp trên lửa vừa cho đến khi các nguyên liệu chín, Sau cùng, rắc hạt mè

■ Tip

■ Với ttok còn mềm thì có thể cắt ra nấu ngay được, song với ttok đông đá nên cho vào nước đun sôi để rã đông trước khi sử dụng.

តកពុកគី

សូមធ្វើតកពុកគីពិសា នេះជាម្ហូបអាហារសំរន់ដែលជនជាតិកូរ៉េចូលចិត្តជាងគេក្នុង ចំណោមម្ហូបសំរន់ទាំងអស់ ដែលមានរសជាតិហឺល មិនថាមនុស្សចាស់រឺក្មេងៗទេ ក៏ ចូលចិត្តម្ហូបនេះដែរ ។

▪ គ្រឿងផ្សំ

តកពុកគី៤០០ក្រាម សាកាក់អម្ពូក (ប្រហិតត្រី)១២០ក្រាម (២បន្ទះ) ស្លឹកល្ង៣០ក្រាម (២០សន្លឹក) មើមស្លឹកខ្ទឹម៣០ក្រាម (១ដើម) ទឹក២០០ក្រាម(១កែវ) គ្រឿងផ្សំរសជាតិម្ទេសខាប់: ម្ទេសខាប់៣៦ក្រាម (២ស្លាបព្រា) ម្ទេសម៉ត់៧ក្រាម(១ស្លាបព្រា) ទឹកប៉េងប៉ោះ១៨ក្រាម (១ស្លាបព្រា) ទឹកស៊ីអ៊ីវ១៥ក្រាម(១ស្លាបព្រា) ទឹកស្ករ៤២ក្រាម (១ស្លាបព្រាកន្លះ) ស្ករស ៦ក្រាម (កន្លះស្លាបព្រា) ខ្ទឹមសបុកបន្តិច និងល្ងបន្តិច ។

▪ របៀបធ្វើ

1. ហាន់ប្រហិតត្រីជារាងបួនជ្រុង កាត់មើមស្លឹកខ្ទឹមអោយស្តើងៗ ហាន់ស្លឹកល្ងចំណែក តូចៗ លាយម្ទេសខាប់ និងគ្រឿងផ្សំរសជាតិចូលគ្នា ហើយទុកសិន ។
2. ដាក់ទឹក១កែវក្នុងឆ្នាំងដាំ ពេលពុះដាក់គ្រឿងទេសចូលហើយបើកភ្លើងអោយខ្លាំង អោយពុះ ខុងៗឡើង ចាំដាក់តក ប្រហិត ស្លឹកល្ង មើមស្លឹកខ្ទឹមចូល ហើយបន្ថយភ្លើង ពាក់កណ្តាលវិញ កូរឆាច្របល់វាអោយឆ្អិន ក្រោយមកដាក់ល្ងចូលជាការស្រេច ។

▪ Tip!

▪ សំរាប់តកដែលទន់ស្រាប់ហើយនោះ មិនចាំបាច់ធ្វើអ្វីទៀតទេ គឺអាចយកទៅចំអិនបានតែម្តងក៏បាន តែចំពោះតក ដែលយកចេញពីក្នុងទូទឹកកករឺទូដែលដាក់អោយកកនោះ មុននឹងយកទៅចំអិនត្រូវយកទៅស្រុះនឹងទឹកក្តៅអោយវាទន់សិន ទើបជាការល្អ។

김밥나라

Kimbap-nara　キンパブ　紫菜包饭
CƠM CUỘN LÁ RONG BIỂN
បាយអ៊ុ

김밥나라

김밥은 속재료에 따라 이름이 달라지는데 여기서는 치즈와 참치를 넣고 2가지의 김밥을 만들어 보겠습니다. 엄마의 정성과 사랑이 듬뿍 담긴 김밥으로 도시락을 준비해 보세요.

■ 재료

쌀 3컵, 다시마물 2½컵 (물 3컵, 다시마 5g), 청주 ½컵, 참기름, 통깨, 소금

김밥속 재료: ① 우엉 100g (조림장:식용유 1T, 다시마물 1T, 다마리간장 1½T,
설탕 ½T, 미림 1T, 청주 ½T, 물엿 ½T)
② 오이 1개, 김밥용 단무지 6줄, 치즈 4장, 김밥용 햄 6줄, 깻잎 10장, 계란 3개
③ 시금치 100g (맑은장국 1t, 소금 조금, 참기름, 깨소금)
④ 참치샐러드 (참치 1캔, 레몬즙 ½T, 양파 100g 다진것, 마요네즈 ¾컵, 통깨, 소금 조금)
기타재료: 식용유, 구운 김, 김발

■ Tip

■ 위에 있는 모든 재료를 준비할 필요는 없습니다. 넣고 싶은 재료를 준비하면 됩니다.
이외에도 어묵을 볶아서 넣거나, 당근을 채썰어 살짝 볶아서 넣어도 좋습니다.

■ 만드는 법

1. 쌀은 씻어서 30분 불린 후 쿠커에 다시마물, 청주를 넣고 고슬고슬하게 밥을 지어서 참기름, 통깨, 소금을 넣고 버무린다.
2. 오이는 단무지 굵기로 썬 다음 소금을 조금 넣고 볶아낸다.
3. 햄은 단무지 크기로 썰어 볶아낸다.
4. 우엉은 채썰어 조림장에 조려준다.
5. 시금치는 데쳐서 냉수샤워 후 꼭 짜서 양념에 무친다.
6. 계란은 도톰하게 지단을 부쳐 단무지 두께로 썬다.
7. 참치샐러드를 만들어 놓는다.
8. 김밥 말기
   참치김밥: 김－밥－깻잎－참치샐러드－단무지－계란－우엉
   치즈김밥: 김－밥－치즈－시금치－단무지－오이－햄－우엉－계란

■ Tip

■ 물에 다시마를 30분 이상 담갔다가 그 물로 밥을 지으면 영양가와 맛을 더한 맛있는 밥이 됩니다.
■ 오이는 씨 있는 부분은 사용하지 않습니다.
오이를 볶아주면 색도 살아나고 맛도 한결 좋아집니다.
■ 우엉은 조림장에 조린 후 넓게 펴서 식혀주세요.

Kimbap-nara (Korean Sushi Rolls)

Kimbap can contain a wide range of ingredients for stuffing. We offer here only a recipe for making kimbap with cheese and tuna salad.

Express your love for your children by packing their lunch with kimbap.

■ Ingredients

3 cups rice, 2½ cups water (3 cups water boiled with 5g kelp), ½ cup rice wine, sesame seed oil, roasted whole sesame seeds, salt

Stuffing: ① Burdock 100g (cooked in sauce made of 1T vegetable oil, 1T water, 1½ T soy sauce, ½T sugar, 1T mirim, ½T rice wine, ½T starch syrup)

② 1 cucumber, 1 container of sweet radish pickle, 4 slices cheese, 1 pack of ham, 10 sesame leaves, 3 eggs;

③ Spinach 100g (prepared with a bit of salt, sesame seed oil and ground sesame powder)

④ Tuna salad (1 can tuna, ½ T lemon juice, 100g finely minced onion, ¾ cup mayonnaise, roasted whole sesame seeds, a bit of salt).

Others: Vegetable oil, kim (parched dry seaweed), sushi roller.

■ Tip

■ You do not need to have all the stuffing ingredients mentioned above. Prepare your favorite ingredients to stuff the kimbap with. Recommended suggestions include pan-fried fish cake and stir-fried carrot slices.

■ How to Make

1. Wash the rice and leave it in water for 30 minutes. Steam it in a pot with water and rice wine. Mix the steamed rice with sesame seed oil, roasted whole sesame seeds, and salt.
2. Slice the cucumber in at about the same thickness as the radish pickle. Stir-fry the cucumber a little with a bit of salt.
3. Slice the ham in at about the same thickness as the radish pickle. Pan-fry it a bit.
4. Slice the burdock and cook it in the sauce.
5. Boil the spinach slightly and rinse it in cold water. Squeeze it to drain it of excess water and mix it with the sauce.

6. Make egg spreads and slice them in at about the same thickness as the radish pickle.

7. Prepare the tuna salad.

8. Roll ingredients in dry seaweed.

   Tuna kimbap: seaweed → rice → tuna salad → radish pickle → egg → burdock

   Cheese kimbap: seaweed → rice → cheese → spinach → radish pickle → cucumber → ham → burdock → egg

■ Tip

■ Leave a piece of kelp in water for over 30 minutes and use that water to make the steamed rice. Rice will be that much tastier and healthier. You can also omit rice wine and kelp, cooking rice in the same amount of water.

■ Remove seeds from the cucumber.
  Stir-fry the cucumber a little and it will be much tastier and colorful to look at.

■ Boil it down in the sauce and spread it over a wide surface to cool it before using it.

キンパブ

キムパブは具の材料によって名前が変わりますが、ここではチーズとツナを入れて
2種類のキムパブを作ってみます。
お母さんの愛と心が込められたキムパブでお弁当を準備してみてください。

■ 材料

米 3カップ、昆布だし汁 2½ カップ (水3カップ、昆布 5g)、清酒 ½ カップ ごま油、炒りごま、塩
キムパブの具の材料： ① ゴボウ 100g (煮込みソース：サラダ油 1T、昆布だし汁 1T、ソイソース醤油1 ½T、砂糖 ½T、みりん 1T、清酒 ½T、水あめ ½T)
② きゅうリ 1本、たくあん 1パック、チーズ4枚、ハム 1パック、ゴマの葉 10枚、卵 3個
③ ほうれん草 100g(澄まし汁1T、塩少々、ごま油、ごま塩)
④ ツナサラダ(ツナ 1缶、レモン汁 ½T、玉ねぎのみじん切り 100g、マヨネーズ ¾ カップ、炒りごま、塩少々)
その他の材料：サラダ油、焼きのり、巻きす

■ Tip

■ 上記の材料をすべて準備する必要はありません。使いたい材料を用意してください。
　他にもおでんを炒めて具にしたリ、ニンジンの千切リを軽く炒めて使ったリしてもいいです。

■ 作り方

1. 米は洗って３０分ふやかした後、クッカーに昆布だし汁と清酒を入れ、ふっくらと ご飯を炊き、ごま油、炒りごま、塩を加えて混ぜる。
2. きゅうリはたくあんの太さに切リ、塩を少し加えて炒める。
3. ハムはたくあんの大きさに切リ、炒める。
4. ゴボウは千切リにし、煮込みソースで煮詰める。
5. ほうれん草は茹でて、冷水にさらしてからしっかリ水気を切リ、合わせ調味料で和える。
6. 卵は研いで厚めに焼き、たくあんの厚さに切る。
7. ツナサラダを作っておく。
8. キムパブを巻く。
　　ツナキムパブ：海苔−ご飯−ゴマの葉−ツナサラダ−たくあん−卵焼き−ゴボウ
　　チーズキムパブ：海苔−ご飯−チーズ−ほうれん草−たくあん−きゅうリ−ハム−ゴボウ−卵

■ Tip!

■ 水に昆布を30分以上浸け、その汁でご飯を炊くと栄養と味が両立した美味しいご飯になります。清酒と昆布だしの代わりに米と同量の水を入れても大丈夫です。
■ きゅうリは種の部分は使いません。
　きゅうリを炒めると、色もきれいで味もさらにおいしくなります。
■ 煮込みソースに煮詰め、広げて冷ましてください。

紫菜包饭

紫菜包饭，根据所包馅儿的材料不同，名称也有所区别。在这里我们放入奶酪和金枪鱼，包两种紫菜包饭。
请尝试用饱含母爱的紫菜包饭为您的孩子准备便当吧。

■ 材料

米 3杯、水 2½ 杯 (水 3杯，昆布 5g)、清酒 ½杯、香油、芝麻、精盐
紫菜包饭材料：① 牛蒡100g (酱料：食用油 1T，水 1T，酱油 1½T，白砂糖 ½T，料酒 1T，清酒 ½T，麦芽糖 ½T)
②黄瓜 1个、黄萝卜 1袋、奶酪 4张、火腿 1带、芝麻叶 10张、鸡蛋 3个
③菠菜 100g(精盐少许，香油，芝麻盐)
④金枪鱼沙拉(金枪鱼罐头 1个、柠檬汁 ½T、洋葱末100g、蛋黄酱 ¾杯、芝麻、精盐少许)
其它材料：食用油、烤紫菜、竹帘

■ Tip

没有必要准备上面所有的材料。准备一下想加进去的材料就可以。
另外也可以放入炒过的鱼糕，或将胡萝卜切丝，稍微翻炒一下再放进去也不错。

■ 做法

1. 米，洗净泡30分钟后，锅里加入水和清酒，将米饭做得硬一些，放入香油、芝麻、精盐拌一下。
2. 黄瓜按黄萝卜一样大小切好，放入少许精盐翻炒一下出锅。
3. 火腿按黄萝卜大小切好，翻炒一下出锅。
4. 牛蒡切丝在酱料里熬制。
5. 菠菜焯水后，用凉水冲一下，挤出水后加入佐料拌匀。
6. 煎出稍微厚一点的鸡蛋饼，按黄萝卜的厚度切好。
7. 制作金枪鱼沙拉。
8. 包紫菜包饭

    金枪鱼紫菜包饭：紫菜-饭-芝麻叶-金枪鱼沙拉-黄萝卜-鸡蛋饼-牛蒡

    奶酪紫菜包饭：紫菜-饭-奶酪-菠菜-黄萝卜-黄瓜-火腿-牛蒡-鸡蛋饼

■ Tip

■ 在水中浸泡昆布30分钟以上，用浸泡的水做饭，米饭营养更丰富味道也更好。

■ 黄瓜不使用有籽的部分。黄瓜翻炒一下，即带色、味道又可口。

■ 请在酱料里熬制后，铺开放凉。

CƠM CUỘN LÁ RONG BIỂN

Bạn có thể dùng nhiều loại nguyên liệu khác nhau để cuộn kimbap. Đây là công thức kimbap cuốn với dùng pho-mát và cá ngừ.

Hãy biểu lộ tình cảm của bạn với con của mình bằng cách làm bữa trưa kimbap thật ngon.

■ Thành phân

3 chén gạo, 2.5 chén nước, 3 chén nước để nấu 5g tảo biển, ½ chén rượu gạo (chong-chu), hạt mè nguyên hạt, muối.

Nguyên liệu để cuốn :

① Rau U-Ong (100g) : nấu với 1 thìa súp dầu ăn, 1 thìa súp nước, 1/2 thìa súp xì dầu, ½ thìa đường, 1 thìa mirrim, ½ thìa rượu gạo (chong-chu), 1/2 si-rô bột khoai tây.

② 1 trái dưa leo, 1 hộp củ cải muối, 4 miếng pho-mat, 1 gói thịt "ham", 10 lá mè, 3 quả trứng.

③ 100g rau bó xôi (chuẩn bị với một ít muối dầu mè và bột mè).

④ sa-lat cá ngừ (1 hộp cá ngừ, ½ thìa súp nước cốt chanh, hành tây cắt nhỏ 100g, ¾ chén ma-yo-ne, hạt mè rang, ít muối).

Nguyên liệu khác : dầu ăn, lá rong biển khô (Lá kim), đồ để cuốn su-shi.

■ Tip!

Không cần phải chuẩn bị tất cả những nguyên liệu để cuốn như trên, có thể thay thế bằng những nguyên liệu mà bạn thích. Ví dụ bạn có thể dùng chả cá chiên, cà rốt sắt sợi đã xào qua để cuốn cũng được.

■ Cách làm

1. Vo gạo ngâm 30 phút, sau đó hấp bằng rượu và nước, trộn cơm, dầu mè, hạt mè và một ít muối.

2. Cắt dưa leo cùng kích cỡ với củ cải muối, xào dưa leo với một ít muối.

3. Cắt "ham" cùng kích cỡ với củ cải muối, xào sơ qua.

4. Rau u-ong: cắt và kho với hỗn hợp gia vị để cập ở trên.

5. Rau bó xôi trụng sơ, và rửa lại bằng nước lạnh, vớt ra, vắt cho thật khô, rồi trộn với gia vị.

6. Trứng: chiên lên và cắt cùng kích cỡ với củ cải muối.

7. Làm sa-lat cá ngừ.

8. Cắch cuộn cơm với lá rong biển.

   Kim-bap cá ngừ : đầu tiên trải lá rong biển trên đồ để cuốn, sau đó cho cơm, lá vừng, sa-lat cá ngừ, củ cải muối, trứng, rau u-ong rồi cuốn lại thật chặt tay.

   Kim-bap pho-mat : cũng như trên, chỉ thay sa-lat cá ngừ bằng pho-mat và rau bó xôi.

■ Tip!

■ dùng nước ngâm tảo biển để nấu cơm nhằm tăng độ dinh dưỡng và hương vị. Trong trường hợp bạn không có rượu gạo (chong-chu) và tảo biển thì hấp gạo bằng nước thường với hàm lượng như nhau.

■ Loại bỏ phần ruột của dưa leo, khi xào dưa leo lên, màu sẽ tươi và hương vị sẽ ngon hơn.

■ Quét một lớp mỏng dầu mè bên ngoài lá kim sau khi cuộn xong.

បាយរុំ

គ្រឿងផ្សំញ្ញាត់ខាងក្នុងរបស់គីមផាប់ខុសៗគ្នា
គឺវាអាស្រ័យលើឈ្មោះរបស់វានិមួយៗ
តែក្នុងនេះយើងលើកយកតែ២ប្រភេទមកបកស្រាយជូនក្នុងការធ្វើគីមផាប់នេះ។
សូមរៀបចំគីមផាប់ឲ្យបានច្រើនហើយវេចខ្ចប់គីមផាប់នេះដោយផ្ទាល់ជូ
នចំពោះ អ្នកម្នាយដែលពោរពេញទៅដោយសេចក្ដីស្រឡាញ់ ។

■ គ្រឿងផ្សំ៖

អង្ករកាំបុ៉ង ទឹក២កែវកន្លះ (ទឹក៣កែវ និងសាវ៉ាយសមុទ្រខ្យៅរ ហៅ ថាសុីម៉ា៥
ក្រាម) ស្រាតុងជ្ជកន្លះកែវ ប្រេងល្បនិងគ្រាប់ល្បបន្ដិច
គ្រឿងផ្សំរាប់ដាក់ក្នុងបាយ៖
① អ្វីយ៉ុង១០០ក្រាម (ស្ពៅវ៉ោស់ដ្ជចឆា ប្រេងសណ្ដែក១ស្លាបព្រា ទឹក១ស្លា
បព្រា ទី កសុីអ៊ីវ១ស្លាបព្រាកន្លះ ស្ករសកន្លះស្លាបព្រា មីរិម១ស្លាបព្រា ស្រាតុ
ងជ្ជកន្លះស្លាបព្រា ទឹកសរកន្លះស្លាបព្រា
② ត្រសក់១ផ្លែ ចាន់ម៉ូជី១ប្រអប់ ឈិស៤សន្លឹក ហេម១ប្រអប់ ស្ទីកល្យ១០
សន្លឹក ៧ ងមាន់៣គ្រាប់
③ សុីគីមជី១០០ក្រាម (ដាក់អំបិលបន្ដិច ប្រេងល្បនិងអំបិលម៉ត់លាយជាមួយល្ប)
④ ត្រីខកាំបុ៉ងផ្សំគ្រឿងមាន (ត្រីខកាំបុ៉ង ទឹកក្រចធ្លារកន្លះស្លាបព្រា ខ្ទឹមបារាំង
ចិញ្ច្រាំ ១០០ ក្រាម ម៉ាយូនៃបីភាគបួននៃកែវ ល្គ្រាប់និងអំបិលបន្ដិច)
គ្រឿងផ្សេងៗ៖ ប្រេងសណ្ដែកសំបកសាវ៉ាយសមុទ្រដែលគេអាំងហើយ ហៅ
ថា(គូអ៊ីនគីម) និង រនាបរុំបាយហៅថា (គីមផាល់)

■ Tip!

គ្រឿងផ្សំទាំងអំដែលបានរៀបរាប់ខាងលើមិនចាំបាច់ធ្វើតាមក៏បានដែរអាចដាក់គ្រឿ
ង ផ្សេ ងទៀតក៏បានអោយតែចង់ដាក់ហើយអាចយកប្រហិតទៅចៀនដាក់ក៏បាន
រ៉ យកការ៉ុតហាន់ ជាចំរៀកតូចៗលីងអោយឆ្អិនបន្ដិចដាក់កាន់តែល្អ ។

■ របៀបធ្វើ

1. ត្រាំអង្ករព០នាទីអោយវីក្រូចាត់ទឹកចំអិន ពេលឆ្អិនចាត់ស្រាតុងជ្ជចូល រ
   ចព្រោ យកវញ្ញេកបាយពឆ្លាអោយសព្វហើយចាត់ប្រេងល្ប ល្គ្រាប់ អំបិ
   លហើយច្របល់ អោយសព្វ
2. ហាន់ត្រសក់និងចាន់ម៉ូជី ពុៈជាព័រ កាត់ជាចំរៀកវែងៗ រាយអំបិលបន្ដិច
3. ហាន់ហេម (សាច់ប៉ាត់គេ) និងចាន់ម៉ូជីជាបន្ទៈវែងៗដែលមានទំហាំចំណុម
4. ហាន់អ្វីយ៉ុងជាចំរៀកតូចៗ
5. ស្រៈសុីគីមនីហើយលាងទឹកត្រជាក់ ត្រូវព្ពតអោយស្ងួតទឹកហើយដាក់គ្រឿ
   ងអោយ មានជាតិ

6. គោះពងមាន់ច្បៀនអោយទានកំរាស់ក្រាស់បុ៉នហាន់ចាន់ម៉ូជីដែរ
7. យកសាឡាតដែលផ្សំឡើងដោយត្រីខកំបុ៉ងដាក់ចូល
8. របៀបមូលគីមផាប់
   ឈ្មោះឆាំនីគីមផាប់៖គីមបាយសាឡាតធ្វើពីត្រីខកំបុ៉ងចាន់ម៉ូជីពងមាន់អ្វីយុ៉ង ។
   ឈ្មោះតីជីគីមផាប់៖គីមបាយលិសស៊ីគីមតីចាន់ម៉ូជីត្រុសក់ហេមអ្វីយុ៉ងពង
   មាន់ ។

■អាចយកសារ៉ាយសមុទ្រ(ថាស៊ីម៉ា)ត្រាំទឹកជាង៣០នាទីហើយយកទឹកនោះទៅដាកដាំបា
   យគឺធ្វើអោយបាយកាន់តែមានរសជាតិឆ្ងាញ់ ហើយផ្ដល់នូវអាហារូបត្ថម្ភយ៉ាងល្អ ។
■ សំរាប់ត្រុសក់ដែលមានគ្រាប់មិនយកប្រើប្រាស់ទេ។ហើយបើយកស្រុសក់ទៅឆាប
   ន្លិចតែ ត្រូវរក្សាពណ៌របស់វាអោយខៀ្យស្រស់ដែល ទើបមានរសជាតិឆ្ងាញ់ ។
■គ្រៀងផ្សំដែលធ្វើរដាក់តាមផ្ទៃកូ្ចរោយលាវសំដិលចោលទុកអោយត្រជាក់សិន ។

멸치국수

Myeolchi-guksu　ミョルチグッス　鳀鱼面
BÚN CÁ CƠM　នំបញ្ចុកស៊ុបត្រី

멸치국수

진하게 우려낸 멸치 국물에 국수를 말아 먹는 멸치국수는 입맛 없을 때 한 끼 식사로도 좋으며 간식으로도 해장으로도 좋은 메뉴입니다.

■ 재료

소면 400g, 당근 40g, 호박 100g, 김치 200g, 참기름 5g (1t), 통깨 2g (1t)
국물재료: 멸치 50g, 다시마 15g, 양파 100g, 마른표고 20g, 대파잎 25g, 마른홍고추 2g (2개) 물 3리터 (15컵), 국간장 15g (1T), 소금 1.5g (½t)
양념장: 간장 7.5g (½T), 다진마늘 7.5g (½T), 다진파 15g (1½T), 통깨 2g (1t),
참기름 5g (1t)

■ 만드는 법

1. 쿠커에 멸치를 볶다가 나머지 국물 재료를 넣고 끓기 시작하면 다시마는 건져내고 더 끓인 후 걸러낸다.
2. 당근, 호박 – 가늘게 채썬다.
   김치 – 송송 썰어 참기름, 통깨에 버무린다.
   다시마 – 가늘게 채썬다 / 표고 – 채썬다.
3. 양념장은 섞어 놓는다.
4. 국수는 끓는 물에 넣고 끓으면 찬물을 붓고 끓으면 다시 찬물을 넣고 다시 끓으면 건져서 찬물에 헹궈 물기를 뺀다.
5. 국물에 당근, 호박, 다시마, 표고를 넣고 국간장, 소금으로 간하여 끓인 후 국수를 토렴하여 국물을 붓고 김치와 양념장을 올려낸다.

■ Tip!

■ 국수는 센불에서 넉넉하게 물을 붓고 삶아주는 것이 좋습니다.
  끓어오르면 찬물을 부어 주는 것을 1~2번 반복한 후 찬물에서 바락바락 비벼가며 씻어 전분기를 없애줘야 국수가 쫄깃해집니다.
■ 토렴이란 삶은 국수에 국물을 부어 따라낸 후 다시 끓는 국물을 부어주는 것을 말합니다.
  이렇게 하면 국물의 온도가 유지되어 국수가 빨리 식지 않아 좋습니다.

Myeolchi-guksu (Thin Noodle Soup with Anchovies)

This hearty bowl of hot soup in a rich-tasting anchovy broth is sure to revive your appetite. It also makes great snack and is perfect to eat after a night of hard drinking.

■ Ingredients

Thin dry noodles (somen, 400g), carrots (40g), green pumpkin (100g), kimchi (200g), 1t sesame seed oil, 1t roasted whole sesame seeds

Broth: Dried anchovies (50g), kelp (15g), onion (100g), dried pyogo mushrooms (20g), leek (25g), 2 dried red chili peppers, 15 cups water, 1T soy sauce for making soup, 1/2t salt

Sauce: 1/2T soy sauce, 1/2T minced garlic, 1½T minced spring onion, 1t roasted sesame seeds, 1t sesame seed oil

■ How to Make

1. Parch dried anchovies in a deep pot. Pour in water and the rest of the ingredients for broth. Bring them to the boil. Take out the kelp and keep boiling. Run the broth through a sieve.
2. Slice the carrot, green pumpkin, kelp and pyogo mushrooms into thin strips. Slice the kimchi into thin strips as well and mix it with sesame seed oil and roasted sesame seeds.
3. Prepare the sauce.
4. Bring water to the boil. Put in the noodles. Pour in a cup of cold water. Bring noodles to the boil. Pour in another cup of cold water. Once the noodles are boiled, take it out and put it in cold water. Drain it of excess water.
5. Mix broth with sliced vegetables and add soy sauce to taste. Immerse noodle once in the broth before putting the noodle and broth together. Garnish with kimchi.

■ Tip!

■ Use lots of water to boil the noodles. Also, bring the noodles to boil at a strong heat.
 Once the noodles come to the boil, mix in cold water one or two times. Once the noodles are completely boiled, wash them with your hands in cold water. This is to remove starch from the noodles and make it chewy.

■ You immerse the noodles in broth briefly before serving it together with the broth in order to maintain the temperature of the noodles and broth for longer.

ミョルチグッス (煮干だしの麺)

濃く取った煮干しのだしを素麺にかけて食べるミョルチグッスは食欲がないときの食事としてもよく、おやつにも二日酔いにもいいメニューです。

■ 材料

素麺 400g、ニンジン 40g、かぼちゃ 100g、キムチ 200g，ごま油 1T、炒りごま 1T
だし汁：煮干し 50g、昆布 15g、玉ねぎ 100g、乾しいたけ 20g、長ネギの葉 25g、乾赤唐辛子 2個、水 15カップ
だし醤油 1T、塩 ½T
合わせタレ：醤油 ½T、すりおろしにんにく ½T、ネギのみじん切り 1½T、炒りごま 1T、ごま油 1T

■ 作り方

1. クッカーで煮干しを炒り、他のだし汁の材料を加え、沸騰してきたら昆布は取り出し、さらに煮てからこす。
2. ニンジン、かぼちゃ − 細く千切りにする。
   キムチ − 小口切りにしてごま油と炒りごまで和える。
   昆布 − 細く千切りにする。
   シイタケ − 千切りにする。
3. 合わせタレの材料を混ぜておく。
4. 水を沸騰させて麺を入れ、沸いてきたら差し水を入れて、もう一度沸いてきたら取り出して冷たい水に洗って水気を切る。
5. だし汁にニンジン、かぼちゃ、昆布、シイタケを入れ、だし醤油と塩で味を調え、沸騰した汁を麺に繰り返しかけて麺を温め、だし汁をかけてキムチと合わせタレを載せる。

■ Tip!

■ 麺は強火で、多めの水を入れて茹でた方がいいです。
沸騰してきたら1〜2回差し水を繰り返した後、冷水にさらし、手でこするようにして洗い流し、でん粉を取れば素麺が引き締まります。
■ 茹でた素麺にだし汁をかけては注ぎだし、再度沸騰しただし汁をかけます。
こうするとだし汁の温度が保たれ、素麺が冷めにくくていいです。

鳀鱼面

在鳀鱼浓汤中煮食的鳀鱼面，在没胃口的时候可以开胃，是一款美味的小吃，同时也有很好的醒酒功效。

■ 材料

挂面 400g、胡萝卜 40g、西葫芦 100g、辣白菜 200g、香油 1t、芝麻 1t

汤材料：鳀鱼 50g、昆布 15g、洋葱 100g、干香菇 20g、大葱叶 25g、干红辣椒 2个、水 15杯、汤酱油 1T、精盐 ½t

佐料：酱油 ½T、蒜末 ½T、葱末 1½T、芝麻 1t、香油 1t

■ 做法

1. 在锅里放入鳀鱼翻炒一下，放入剩余汤材料，煮沸后捞出昆布，再煮一下后过滤一下。
2. 胡萝卜、西葫芦 - 切细丝；

   辣白菜 - 切细丝和香油，芝麻拌一下；

   昆布 - 切细丝；

   香菇 - 切丝。
3. 拌好佐料。
4. 在沸水中下面，煮开后加入凉水再次煮开，再加入凉水再煮开后，捞出来放入凉水里冲一下，沥干水分。
5. 汤里放入胡萝卜、西葫芦、昆布、香菇。加入汤酱油、精盐调咸淡，在煮好的面里加入汤又把汤倒出来，如此反复多次给面加热，最后将汤加入面中，再把辣白菜和佐料放上去。

■ Tip!

- 煮面时，水要多加一些，最好用大火加热。烧开后，反复加1～2次凉水。在凉水中，使劲戳洗除去淀粉味，这样面才会筋道。
- 在煮好的面里加入汤又把汤倒出来，如此反复多次。这样，可以保持汤的温度，同时可以给面加热。

BÚN CÁ CƠM

Được dùng như bữa ăn nhẹ và bổ dưỡng rất thích hợp khi bạn cảm thấy bữa ăn không ngon miệng hoặc sau khi bạn phải uống rất nhiều rượu.

■ Thành phân

400g bún (sô-men), 40g cà rốt, 100g bí xanh, 200g kim chi, 1 thìa cà phê dầu mè, 1 thìa và phê hạt mè rang.

Nước dùng : 50g cá cơm khô, 15g tảo biển, 100g hành tây, 20g Nấm pyogo (nấm đông cô), 25g hành lớn, 2 trái ớt khô, 15 chén nước, 1 thìa súp xì dầu, ½ cà phê muối.

Gia vị : ½ thìa súp xì dầu, ½ thìa súp tỏi bằm, 1.5 thìa hành lá băm, 1 thìa cà phê hạt mè rang, 1 thìa cà phê dầu mè.

■ Cách làm

1. Rang cá cơm trong nồi canh, cho nước, và các nguyên liệu nước dùng nấu sôi, vớt tảo biển và tiếp tục nấu sôi lọc lại nước dùng cho sạch.
2. Cắt cà rốt, bí xanh, tảo biển và nấm đông cô thành sợi nhỏ. Cắt kim chi thành sợi nhỏ và trộn với dầu mè.
3. Chuẩn bị nước xốt.
4. Nấu nước sôi, cho bún vào, đổ thêm và một chén nước lạnh , nấu tiếp cho đến khi sôi, lại cho thêm 1 chén nước lạnh, đun sôi tiếp, bắc ra và ngâm trong nước lạnh, sau đó vớt bún ra.
5. Cho rau vào nước dùng, nêm với xì dầu cho vừa ăn, sau đó cho bún vào nước dùng, rắc kim chi vào trước khi ăn.

■ Tip!

■ khi nấu bún, nên cho nước nhiều và đun trên lửa to. Khi nước luộc bún mới sôi nên thêm nước lạnh 1-2 lần, khi bún đã luộc chín, nên xả lại với nước lạnh bằng tay, như thế sẽ loại bỏ được chất cám và làm sợi bún dai hơn.

■ Nên trần bún qua nước dùng trước khi sắp vào tô, để bún nóng lâu hơn.

នំបញ្ចុកស៊ុបត្រី

សេជាតិទឹកសម្ពដែលបានមកពីស៊ុបកូនត្រីនេះ យើងអាចយកទៅស្រូបជាមួយ នំបញ្ចុក ទទួលមានបាន ហើយជាអាហារសំរន់ៗ ម្ហូបនេះគឺជាម្ហូបដ៏ល្អមួយ ដែលមាននៅក្នុង បញ្ជីរាយមុខម្ហូប។

■ គ្រឿងផ្សំ៖

នំបញ្ចុក៤០០ក្រាម ការ៉ុត៥០ក្រាម ននោង១០០ក្រាម គំនីី២០០ក្រាមប្រេងល្ង ១ ស្លាបព្រាការហ្វ ល្គ្រាប់១ស្លាបព្រាការហ្វ

គ្រឿងផ្សំទឹកស៊ុប៖ កូនត្រី៥០ក្រាម សារ៉ាយខៀវ១៥ក្រាម ខ្ទឹមបារាំង១០០ក្រាម ផ្សិតក្រៀម២០ក្រាម ស្តឹកខ្ទឹមផំ២៥ក្រាម ម្ទេសក្រហមក្រៀម២ផ្លែ ទឹក១៥កែវ ទឹកត្រី១ស្លាបព្រា អំបិលកន្លះ ស្លាបព្រាការហ្វ

គ្រឿងទេសផ្សំរសជាតិ៖ ទឹកស៊ីអ៊ីវកន្លះស្លាបព្រា ខ្ទឹមសបុកកន្លះស្លាបព្រា ស្តឹកខ្ទឹមផំហាន់១កន្លះស្លាបព្រា ល្គ្រាប់១ស្លាបព្រាការហ្វ ប្រេងល្ង១ស្លាបព្រាការហ្វ

■ របៀបធ្វើ

1. យកកូនត្រីទៅលីង រួចដាក់ចូលក្នុងឆ្នាំងចាក់ទឹកនិងគ្រឿងទឹកស៊ុបចូលហើយដាំ ពេលពុះយកសារ៉ាយចេញ ហើយបន្តការស្ងោរមួយពុះទៀតចាំយកកន្ត្រ ងត្រង យកតែ ទឹកស៊ុប ។

2. ហាន់ការ៉ុត ននោងទទឹងជាចំណិតតូច គឺមនីីហាន់ជាដុំៗដាក់ល្ប);ប្រលប់ចូល សារ៉ាយខៀវ ហាន់ទទឹងជារៀកតូចៗ និងផ្សិត(ផ្សុក)ហាន់ស្តើងៗ។

3. ដាក់គ្រឿងទេសផ្សំរសជាតិលាយច្រលប់ចូលគ្នា

4. ស្រេះនំបញ្ចុក ពេលទឹកពុះត្រូវចាក់ទឹកត្រជាក់ចូលបន្តិចហើយទុកឱ្យពុះ ហើយ ចាក់ទឹកត្រជាក់ចូលទៀត ទុកឱ្យពុះម្តងទៀតទៅបស្រង់យកនំ បញ្ចុកចេញ រួចលាង នឹងទឹកត្រជាក់ ហើយទុកឱ្យស្រក់ទឹកចេញអស់

5. ដាក់ផ្សិត សារ៉ាយខៀវ ការ៉ុត ននោងចូលទឹកត្រី(តុកខាន់ចាំង)និងអំបិល ហើយភ្លក់ រសជាតិ ទុកឱ្យពុះម្តងទៀត ទៅបចាប់នំបញ្ចុកចេកជាដុំៗ (ច្រវៃយ)ដាក់ក្នុងចាន ចាក់ ទឹកស៊ុប ដាក់គឺមនីី និងគ្រឿងទេសផ្សំរសជា តិចូលជាការស្រេច ។

■ Tip!

■ ដើម្បីស្រេះនំបញ្ចុកឱ្យបានល្អនោះ ត្រូវដាក់ទឹកឱ្យល្មមហើយបើកភ្លើងខ្លាំងប ន្តិច ពេលទឹកពុះឡើងចាក់ទឹកត្រជាក់ចូលម្តងដាពីរម្តង ធ្វើបែបនេះទើបយកនំប ញ្ចុ ក ទៅ លាងជាមួយទឹកត្រជាក់ ហើយទុកឱ្យស្រក់ទឹកអស់ ទើបធ្វើឱ្យនំ បញ្ចុ កមាន រសជាតិឆ្ងាញ់ ។

■ វ៉ែកនំបញ្ចុកដាក់ចានរួចចាក់ទឹកស៊ុបចូលហើយសំរិតចេញ ហើយចាក់ទឹកស៊ុបចូ ល ម្តងទៀត ធ្វើបែបនេះគឺរក្សាកំដៅទឹកស៊ុបឱ្យក្ដៅបានយូរ និងដើម្បីធ្វើឱ្យ នំបញ្ចុក ឆាប់រីកទៀតផង ។

쇠고기 비빔국수

Soegogi Bibim guksu　牛肉入りビビン麺
牛肉凉拌面　MÓN TRỘN THỊT BÒ
សេកូគីពីពីមគុកស៊ូ

쇠고기 비빔국수

밥 말고 다른 게 먹고 싶을 때, 매운맛이 그리울 때, 일요일 오후 뭔가 특별한 게 먹고 싶을 때, 비타민, 단백질, 탄수화물이 어우러져 반찬 없이도 훌륭한 한 끼 식사가 됩니다.

■ 재료

국수 400g, 다진 쇠고기 120g, 상추 70g, 호박 200g, 식용유 7.5g (½T), 소금 조금
쇠고기 밑간: 다마리 간장 7.5g (½T), 다진마늘 3g (1t), 청주 5g (1t), 소금, 후추 조금
고추장 양념: 고추장 90g (5T), 고춧가루 10g (1½T), 간장 22.5g (1½T), 식초 30g (2T),
설탕 36g (3T), 다진마늘 6g (2t), 물엿 42g (1½T), 통깨 10g (1½T)

■ 만드는 법

1. 고기는 밑간하고, 상추와 호박은 굵게 채썬다.
2. 고추장 양념은 모두 섞어놓는다.
3. 예열된 팬에 식용유를 두르고 호박을 볶다가 소금으로 간한 다음 식혀주고 밑간한 쇠고기
   도 볶아서 식힌다.
4. 끓는 물에 국수를 삶아 찬물에 헹구어 물기를 뺀다.
5. 그릇에 국수를 담고 준비한 재료들을 얹고 고추장 양념을 끼얹어 낸다.

■ Tip!

■ 식초와 설탕은 각자의 식성에 따라 가감하여 새콤달콤한 맛을 즐겨보세요.
■ 참기름을 조금 넣고 비비면 맛과 향이 더욱 고소해집니다.

Soegogi bibim guksu

(Spicy Noodle Slad with Beef)

Sometimes we get tired of eating rice all the time.
Sometimes we want something hot and spicy.
On Sundays we want something savory and special.
This great noodle dish combines all the important nutrients, such as vitamins, protein, and carbohydrates, and does not require side dishes to accompany.

■ Ingredients

400g somyeon (somen or thin plain noodles), 120g ground beef, 70g lettuce, 200g zucchini, ½ T vegetable oil (7.5g), salt

Marinade: ½ T Damari soy sauce (7.5g), 1t minced garlic (3g), 1t refined rice wine (5g), salt, ground black pepper

Red chili pepper paste sauce: 3T red chili pepper paste (90g), 1½ T red chili pepper powder (10g), 1½ T soy sauce (22.5g), 2T vinegar (30g), 3T sugar (36g), 2t minced garlic (6g), 1½ T glutinous starch syrup (42g), 1½ T whole sesame seeds (10g)

■ How to Make

1. Marinade meat. Cut lettuce and zucchini into bite−sized pieces.
2. Prepare the red chili pepper paste sauce.
3. Add vegetable oil into a preheated pan and stir−fry zucchini. Add salt and let it cool. Stir−fry marinated meat and let it cool as well.
4. Add somyeon into boiling water. Rinse it in cold water and drain excess water.
5. Put somyeon into a bowl and top it with the stir−fried ingredients and the sauce.

■ Tip!

■ Adjust the amounts of vinegar and sugar to your liking.
■ Add a little bit of sesame seed oil to make it even tastier.

牛肉入りビビン麺

ごはん以外の別のものが食べたくなるとき、
辛い味が欲しくなるとき、
日曜日の午後、何か特別なものが食べたくなるとき、
ビタミン、タンパク質、炭水化物が一緒になって、おかずがなくても立派な食事
になります。

■材料

素麺 400g、牛ひき肉, チシャ 120g、サンチュ 70g、かぼちゃ 200g、サラダ油 7.5g
(1/2T)、塩少々
牛肉下味: ソイソース醤油 7.5g (1/2T)、すりおろしにんにく 3g (1t)、清酒 5g (1t)、塩,胡
椒少々
味付けゴチュジャン: ゴチュジャン 90g (3T)、粉唐辛子 10g (1 1/2T)、醤油 22.5g
(1 1/2T)、酢 30g (2T)、砂糖 36g (3T)、すりおろしにんにく 6g (2t)、水あめ 42g
(1 1/2T)、ごま 10g (1 1/2T)

■作り方

1. 肉は下味をつけ、チシャとかぼちゃは太いせん切りにする。
2. 味付けゴチュジャンは材料を全部混ぜておく。
3. 余熱したフライパンにサラダ油をひき、かぼちゃを炒めていて、塩で味つけしてから冷まし
   ておく。下味をつけた牛肉も炒めて冷ます。
4. 煮え湯に素麺を茹で、冷たい水に洗って水気を切る。
5. 器に素麺を盛り、準備した材料をのせ、味付けゴチュジャンをかける。

■Tip!

■酢と砂糖は各々ご自身の好みによって調節して甘酸っぱい味を楽しんでください。

■ごま油を少し入れて混ぜると、味と香りがいっそう香ばしくなります。

牛肉凉拌面

想吃米饭以外的主食时；
想吃辣味时；
星期天的下午想吃特别的料理时；
含有丰富的维生素、蛋白质、碳水化合物等营养成分的
无需其他佐菜的美味佳肴。

■ 材料

挂面400g，牛肉120g，生菜70g，西葫芦200g，食用油7.5g(1/2T)，盐少许
腌牛肉：酱油7.5g(1/2T)，蒜末3g(1t)，清酒5g(1t)，盐，胡椒粉少许
辣椒酱调料：辣椒酱90g(3T)，辣椒粉10g(1 1/2T)，酱油22.5g(1 1/2T)，醋30g(2T)，
白糖36g(3T)，蒜泥6g(2t)，糖稀42g(1 1/2T)，芝麻10g(1 1/2T)

■ 做法

1. 牛肉腌制，生菜和西葫芦切成粗条状。
2. 将辣椒酱调料全部放入后搅拌均匀。
3. 在预热的不粘锅中加入适量食用油后，放入西葫芦颠炒几下，并用盐进行调味，然后放凉。腌好的牛肉也要炒制后放凉。
4. 面煮熟后用凉水冲洗，控水。
5. 把面盛入碗里，并把准备好的材料均匀码放在面上，再盖浇辣椒酱调料即可。

■ Tip!

■ 根据各自的喜好加减食醋和白糖的量。
■ 拌面时放入少量芝麻油可使其更加美味。

MÓN TRỘN THỊT BÒ

Khi bạn muốn đổi khẩu vị, thay vì cơm, bạn có thể dùng món ăn này với khẩu vị nóng và cay. Món bún này kết hợp những dưỡng chất quan trọng như vitamin, chất đạm, tinh bột, và không cần các món ăn kèm.

■ Thành phân

400g bún, so-men, 120g thịt bò xay, 70g salad, 200g bí xanh, ½ thìa súp dầu ăn, muối.

Gia vị ướp : ½ thìa súp nước tương 7.5g, 1 thìa cà phê tỏi băm 3g, 1 thìa cà phê rượu gạo (chong-chu) 5g muối tiêu xay.

Xốt bột ớt : 3 thìa súp tương ớt đỏ 90g, 1.5 thìa cà phê ớt bột khô, 1.5 thìa súp lớn nước tương 22.5g, 2 thìa súp giấm 30g, 3 thìa súp đường 36g, 2 thìa cà phê tỏi băm 6g, 1.5 thìa súp si-rô bột khoai tây 42g, 1.5 thìa súp mè nguyên hạt 10g.

■ Cách làm

1. Ướp thịt, cắt rau diếp vừa miệng ăn và bí non thành sợi như hình vẽ.

2. Trộn nước xốt bột ớt.

3. Cho dầu vào chảo nóng, xào bí xanh, cho muối vào và để nguội. Sau đó xào thịt đã ướp và cũng để nguội.

4. Cho bún vào nước đang sôi, rửa lại bằng nước lạnh và làm ráo nước.

5. Cho bún vào trong tô, và sắp các thành phần đã xào, cuối cùng rưới nước xốt.

■ Tip!

- điều chỉnh lượng dấm và đường phù hợp khẩu vị của bạn.
- Thêm một chút dầu mè làm cho món ăn ngon hơn.

សេក្កគីពីពីមគុកស៊ូ

(មីហឺរជ៉ាមួយនឹងសាច់គោ)

ពេលខ្លះយើងមានការត្រួញត្រាន់នឹងការទទួលទានបាយជារៀងរាល់ថ្ងៃ។
ពេលខ្លះយើងចង់ទទួលទានអាហារដែលហឺរ។
នៅថ្ងៃអាទិត្យ យើងចង់ទទួលទានអាហារអ្វីដែលពិសេស និង ឆ្ងាញ់។
អាហារដែលធ្វើដោយមីមួយមុខនេះ មានសារធាតុបំប៉នច្រើនមុខ ដូចជាវីតាមិន
ប្រូតេអ៊ីន និង កាបោនអ៊ីដ្រាត ហើយមិនចាំបាច់មានអាហារសំន់ផ្សេងទៀតទេ។

■ គ្រឿងផ្សំ

ស៊ូម្យ៉ន (ស៊ូមិន រឺ មីសសែតូច) សាច់គោចិញ្ច្រាំ ១២០ក្រាម សាលាដ ១៧
ក្រាម ឡៅ ២០០ក្រាម ប្រេងឆា ½ស្រាបព្រាកាហ្វេ (៧.៥ក្រាម) អំបិល។

គ្រឿងផ្សំរសជាតិ: ទឹកស៊ីអ៊ីវ ½ស្រាបព្រាកាហ្វេ (៧.៥ក្រាម) ខ្ទឹមបុក ១ស្រាប
ព្រាកាហ្វេ (៣ក្រាម) ស្រាអង្ករ ១ស្រាបព្រាកាហ្វេ (៥ក្រាម) អំបិល ម្រេចម៉ត់។

ទឹកម្ជៅម្ទេសស្ងួត: ម្ជៅម្ទេសស្ងួត ៣ស្រាបព្រាកាហ្វេ (៩ក្រាម) ម្ជៅម្ទេស
១ ½ស្រាបព្រាកាហ្វេ (១០ក្រាម) ទឹកស៊ីអ៊ីវ ១ ½ស្រាបព្រាកាហ្វេ (២២.៥ក្រាម)
ទឹកខ្ជុះ ២ស្រាបព្រាកាហ្វេ (៣០ក្រាម) ស្ករស ៣ស្រាបព្រាកាហ្វេ (៣៦ក្រាម)
ខ្ទឹមបុក ២ស្រាបព្រាកាហ្វេ (៦ក្រាម) ម្ជៅ ១ ½ស្រាបព្រាកាហ្វេ (៤២ក្រាម)
ល្ង ១ ½ស្រាបព្រាកាហ្វេ (១០ក្រាម)។

■ របៀបធ្វើ

1. ប្រលាក់សាច់។ ហាន់សាលាដ និង ឡៅជាដុំតូចៗ។

2. រៀបចំទឹកម្ជៅម្ទេសស្ងួត។

3. ដាក់ប្រេងឆានៅក្នុងខ្ទះក្តៅ ហើយឆាឡៅ។ ដាក់អំបិលចូល ហើយទុកវាអោ
   យត្រជាក់។ ឆាសាច់ដែល ប្រលាក់រួច ហើយទុកអោយត្រជាក់។

4. ដាក់ស៊ូម្យ៉នទៅក្នុងទឹកពុះៗរួចដាក់ចូលក្នុងទឹកត្រជាក់ ហើយចាក់ទឹកចេញ។

5. ដួសស៊ូម្យ៉នដាក់ចាន រួចដួសគ្រឿងផ្សំដែលឆារួច និង ទឹកជ្រលក់ដាក់ពី
   លើជាការស្រេច។

■ Tip!

■ ដាក់ទឹកខ្ជុះ និង ស្ករសចូល ទៅតាមរសជាតិដែលអ្នកចូលចិត្ត។

■ ដាក់ប្រេងល្ងចូលបន្តិច ដើម្បីអោយរសជាតិកាន់តែឆ្ងាញ់។

김치

- 2포기 배추김치 Baechu-kimchi 2株白菜キムチ 2棵辣白菜 KIM CHI CẢI THẢO ប្រក់ស្ពៃ គឺមគី
- 총각김치 Chonggak-kimchi チョンガキムチ 小伙子萝卜泡菜 KIM CHI CỦ CẢI ប្រក់មើមនៃថារ(ខ្ទី)
- 나박김치 Nabak-kimchi ナバクキムチ 萝卜片泡菜 KIM CHI NƯỚC ប្រក់លាយបន្លែច្រើនមុខ

2포기 배추김치

2포기 배추김치

가장 기본적인 재료와 양념만을 넣은 김치로 누구나 김치를 담글 수 있다는 그는 자신감을 갖게 하고, 자기 입맛 또는 가족의 입맛에 맞는 김치를 개발할 수 있는 가이드를 제시합니다.

■ 재료

배추 2포기 (6kg), 굵은소금 (천일염) 400g (소금물용 200g + 뿌림용 200g), 물 4리터

속재료 : 무 ⅓개 (500g), 쪽파 1단 (100g)

양념 : 고춧가루 1½컵 (180g), 다진마늘 10T (100g), 다진생강 3T (30g),
멸치액젓 1컵 (200g), 찹쌀풀 1컵 (찹쌀가루 2T + 물 250cc)

■ 만드는 법

1. 배추 밑동 가운데에 칼집을 내어 손으로 2등분하고, 큰 배추는 4등분 한다.
2. 물 4리터에 소금200g을 탄 물에 배추를 담갔다 건져서, 배추 줄기 쪽에 나머지 소금을 약간씩 뿌린다. 가른 단면이 위로 오게해서 큰 독이나 큰 용기에 차곡차곡 담아 절인다 (배추 위에 무거운 것으로 눌러주면 잘 절여진다).
3. 약 4시간 후에 아래위의 배추를 바꾸어 놓는다 (총 절이는 시간 8시간 정도).
4. 다 절여진 배추는 깨끗이 씻어 소쿠리에 엎어 물기를 빼놓는다.
5. 쿠커에 찹쌀가루와 물을 넣고 나무주걱으로 저어가며 찹쌀풀을 쑨다.
6. 찹쌀풀과 나머지 양념을 모두 섞어 놓는다.
7. 무는 0.2cm 폭으로 둥글게 썬 다음 도톰하게 채썰고, 쪽파는 4cm 정도로 썬다.
8. 양념에 썰어놓은 무, 쪽파를 넣고 살짝 버무린다.
9. 양념을 절인 배추 뿌리 쪽 중심으로 골고루 펴 넣은 다음 겉잎으로 전체를 잘 감싼다.
10. 보관통에 켜켜로 담아 실외에서 1주 정도, 아파트 베란다에서 2일 정도 익힌후에 냉장고에 보관한다.

■ Tip

■액젓을 넣고 싶지 않을 경우엔 물(100cc + 소금 1½T)을 액젓 대신 넣어주세요.

Baechu-kimchi
(Chinese Cabbage Kimchi)

This recipe from M-Cooking includes only the most basic of all kimchi ingredients and making know-how. You will gain confidence in your kimchi-making after following the recipe. You can also improvise on this very basic recipe by adding your or your family's favorite ingredients.

■ Ingredients

2 heads of Chinese cabbage (5~6kg), coarse natural sea salt (400g) (200g for making brine + 200g for salting cabbage), water (4L)
Stuffing Ingredients: 1/3 daikon radish (500g), spring onions (100g)
Sauce Ingredients: 1 ½ cup red chili pepper powder (180g), 10T minced garlic (100g), 3T minced ginger (30g), 1 cup liquefied anchovy paste, 1 cup glutinous rice starch (2T glutinous rice powder + 250cc of water)

■ How to Make

1. Make a cross-shaped cut in the heart of the cabbage. Tear it apart with hands to divide it into two or four pieces.
2. Add 200g of salt to 4 liters of water to make salt brine. Soak the cabbage in the brine. Also spread 200g of salt in between the leaves of the cabbage. Leave them in a big earthenware pot or container, with the cut surfaces of cut cabbage pieces facing upward. (Leave a heavy object on the cabbage to salt them more easily.)
3. After about 4 hours, change the positions of the cut cabbage pieces. (You must leave them in salt for about 8 hours in total.)
4. Wash the salted cabbage in water and leave it on a strainer to drain it of excess water.
5. Boil glutinous rice powder in water. Stir it occasionally until cooked.
6. Mix the starch with all other sauce ingredients.

7. Slice the daikon into 0.2cm-thick pieces. Slice the spring onions into 4cm-thick pieces.

8. Mix the salted daikon and spring onions with the sauce.

9. Spread the sauce evenly over each leaf of the salted cabbage. Once you put stuffing in between all the leaves, surround the entire cabbage with its outermost leave.

10. Put the cabbage in a big container in layers. Leave it aside in a cool place for a few days before moving it into the fridge. (Leave it outside for 1 week or so and for 2 days on the balcony during the winter; you can put it away in the fridge right away during the summer.)

■ If you would like to avoid using the liquefied anchovy paste, you may substitute 100cc of water and 1 ½ T of salt for it.

2株白菜キムチ

エムクッキングの2株白菜キムチは、最も基本的な材料とヤンニョム（キムチの素）だけを入れたキムチで、誰でもキムチが漬けられるとの自信が持て、自分や家族の口に合うキムチが開発できるよう、ガイドラインを提示しています。

■ 材料

白菜 2株 (5〜6kg)、あら塩 (天日塩) 400g (塩水用 200g ＋ ふりかけに使うもの 200g)、水 4リットル
具の材料: 大根 ⅓個 (500g)、わけぎ 1束 (100g)
ヤンニョム(キムチの素): 粉唐辛子 1½カップ (180g)、すりおろしにんにく 10T (100g)、すりおろし生姜 3T (30g)、イワシエキス1カップ、もち米のリ 1カップ (もち米の粉 2T ＋ 水 250cc)

■ 作り方

1. 白菜は根元の間中に包丁を入れ、手で縦に引き離して2つ割りにする。大きいものは4つ割りにする。

2. 水4リットルに塩200gを溶かした塩水に、白菜を浸してから取り出す。
   白菜の根元の白い部分に残りの塩200gを少しずつ分けてふりかける。
   白菜の切リ口が上を向くようにして大きい容器に入れ、漬け込む
   (白菜の上に重いものをおくと漬け込みやすい)

3. 約4時間後に上下の白菜を置き換える。(塩漬けの総時間は8時間くらい)

4. 漬け上がった白菜はきれいに洗い流し、ザルに上げて水気を切る。

5. クッカーにもち米の粉と水を入れ、アワ立て機(または木のしゃもじ)でかき混ぜながらもち米のリを作る。

6. もち米のリとその他のキムチの素の材料をすべて混ぜ合わせ、粉唐辛子をふやかしておく。

7. 大根は0.2cmの太さで千切りにし、わけぎは4cm程度に切る。

8. 切っておいた大根とわけぎをキムチの素に加え、かるく混ぜ合わせる。

9. 白菜の根元を中心にキムチの素をまんべんなく塗り込み、外側の葉で全体を包む。

10. キムチ容器に重ねて入れ、涼しいところでしばらく熟成させてから、冷蔵庫で保管する。
   (冬場は屋外で1週間くらい、アパートのベランダで2日くらい熟させ、夏場はすぐに冷蔵庫
   に入れて熟成させる)

■ Tip

■ イワシエキスを使いたくない場合は、イワシエキスの代わりに(水100cc+塩 1½T)を入れて
   ください。

2棵辣白菜

Mcooking(料理学院)的2棵辣白菜是，只放入最基本的材料和佐料做成的辣白菜。其目的在于，使每个人都拥有可以做辣白菜的自信，并开发出适合自己的口味,适合家人口味的辣白菜。

■ 材料

白菜 2棵 (5~6kg)，粗粒盐 (天然盐) 400g、(盐水用 200g + 撒入 200g)，水 4升
佐料材料: 萝卜 ⅓棵 (500g)，小葱 1捆 (100g)
佐料: 辣椒面 1½杯 (180g)、蒜末 10T(100g)、生姜末 3T(30g)、**鳀鱼酱** 1杯、糯米糊 1杯 (糯米面 2T + 水 250cc)

■ 做法

1. 白菜根部中央用刀划一下后，用手掰两半，如果白菜太大应分4等分。
2. 在4升水里放入盐200g，将白菜在盐水中浸泡片刻后捞出。
   将剩余的200g盐分次撒在白菜根部。
   白菜切口的部分向上，层层放入大缸或大容器里腌制。
   (在白菜上压放重物，以帮助腌制。)
3. 大约4小时后，调换白菜的上下位置。(腌制时间，共8小时左右。)
4. 洗净腌制好的白菜，翻着放入笸箩里控水。
5. 锅里放入糯米面和水，用搅拌器(或用木头勺子)持续搅拌，煮成糯米糊。
6. 将糯米糊和剩余佐料都拌在一起，撒上辣椒面。

7. 萝卜切成厚度0.2cm左右的厚丝，小葱切成4cm左右的长度。

8. 佐料里放入切好的萝卜、小葱拌一下。

9. 以白菜根部为中心，把佐料均匀放入后，用最外面的叶子把整个白菜包好。

10. 把辣白菜层层放入容器里，放在阴凉的地方，入味后放入冰箱冷藏室里保管。

　　(冬天，在室外放1周左右，在凉台放2天左右，等入味后再放入冰箱里，夏天直接放入
　　冰箱里入味。)

■ Tip

■ 不想放入鳀鱼酱时，可用(水 100cc + 精盐 1鳀T) 代替。

KIM CHI CẢI THẢO

Công thức làm kim chi của M-Cooking rất căn bản. Bạn sẽ làm kim chi dễ dàng nếu theo đúng công thức này. Bạn cũng có thể thay đổi chút ít để có món kim chi phù hợp với khẩu vị của bản thân và gia đình bạn.

■ Thành phân

Nguyên liệu chính : Cải thảo 2 bắp, 5-6kg.

Muối hạt (muối biển) 400g, 200g dùng làm nước muối, 200g để trộn gia vị, 4 lít nước.

Nguyên liệu bên trong : 1/3 củ cải 500g, 1 bó hành 100g.

Gia vị ướp : ớt bột 1.5 chén (180g), 10 thìa tỏi nghiền 100g, 3 thìa gừng băm 30g, 1 chén mắm cá cơm, 2 chén hỗn hợp bột gạo nếp (2 thìa súp bột gạo nếp ĩ 250cc nước).

■ Cách làm

1. cắt cải thảo làm 4 phần, nhưng chi cắt phần trên, phần dưới xé bằng tay.

2. Cho 200g muối vào 4 lít nước, cho cải thảo vào nước muối trên. Rắc 200g muối còn lại lên phần thân của cải thảo. Cho toàn bộ vào một chiếc bình hoặc hộp lớn để muối cải thảo. Sắp cải theo như hình vẽ (đặt một vật nặng ngay trên cải thảo để chúng ngấm muối tốt hơn).

3. Sau 4 giờ đồng hồ, lật phần cải thảo phía dưới lên để muối ngấm vào phần trên, để thêm

4. Sau khi cải thảo đã ngấm muối, rửa sạch, cho vào rổ để ráo nước.

5. Nấu sôi hỗn hợp bột gạo nếp, nhớ khuấy đều tay.

6. Sau đó cho hỗn hợp này vào nước gia vị.

7. Củ cải cắt thành miếng dày khoảng 0.2cm, hành lá cắt thành khúc khoảng 4 cm.

8. Cho củ cải và hành lá đã cắt vào phần nước gia vị vừa pha.

9. Đảo đều gia vị và dùng tay nhét gia vị vào từng lá bắp thảo theo hướng từ trong ra ngoài như hình vẽ, sau đó dùng lá cải ngoài cùng cuốn lại để gia vị được giữ lại bên trong.

10. Xếp kim chi thành lớp trong hủ. Nên đặt ở nơi mát trong một vài ngày trước khi cho vào tủ lạnh. Vào mùa đông có thể đặt bên ngoài 1 tuần hoặc hơn và để ngoài hiên khoảng hai ngày. Mùa hè có thể bỏ ngay vào tủ lạnh.

■ Nếu không thích dùng mắm tôm, bạn có thể thay thế bằng 100cc nước với 1.5 thìa súp muối.

ជ្រក់ស្ងួ គីមឆី

អេមយុកយ៉ឹង ជ្រក់ស្ងួបំពង ២មេម ជាម្ហូបដែលមានលក្ខណជាមូលដ្ឋាន គ្រឺសំខាន់ ក្នុងគ្រួសារដែលមានគ្រឿងផ្សំដាក់ក្នុងគីមឆី ហើយនរណាក៏អាចធ្វើបាន តាមតំរូវ សេជាតិរបស់ខ្លួននិងគ្រួសារហើយជ្រើសរើសយកសេជាតិដែលឆ្ងាញ់សំរាប់ធ្វើការវិឡ្យនីគីមឆីនេះ ់អោយកាន់តែប្រសើរឡើងថែមទៀត ហើយទាំងនេះជាការបង្ហាញផ្លូវ មួយល្អតែប៉ុណ្ណោះ ។

■ គ្រឿងផ្សំ៖

ស្ងួបំពង២គុម្ព (ទំងន់៥ទៅ៦គីឡូក្រាម)
អំបិលគ្រោះធុនអីលយ៉ម៤០០ក្រាម(ទឹកអំបិល២០០ក្រាមប្ថកនិងអំបិល គ្រោះ២ ០០ ក្រាម ទឹក៤លីត្រ
គ្រឿងផ្សំក្នុងគីមឆី៖ថៃថារមួយភាគបីស្ងើនឹង៥០០ក្រាម ស្ងីកខ្ទឹមមួយជុំ១០០ក្រាម គ្រឿងផ្សំរសេជាតិ៖ម្អេសម័តមួយកែវកន្លះ១៨០ក្រាមខ្ទឹមសបុក១០ស្លាប្រា ១០០ក្រាមខ្ទីបុកពាស្លាបប្រា៣០ក្រាមទឹកត្រីធ្វើពីកូនត្រី(ម័ញលនីអែកចុ ត)១កែវអង្ករដំណើប(ឆាប់សិលភ្លៅ)មួយកែវ(ម្សៅអង្ករដំណើប២ស្លាប ប្រាប្ថកនិងទឹក២៥ ០សេសេ)

■ របៀបធ្វើ

1. យកកាំបិតគល់បណ្ដូលស្ងួចេញ ហើយពុះជាពីរ បើស្ងួមើមធំពុះជាបួន
2. ដាក់អំបិល២០០ក្រាមទៅក្នុងទឹក៤លីត្រហើយយកស្ងួដាក់គ្រាំ រួចស្រង់ចេ ញរាយអំបិលដែលនៅសល់២០០ក្រាមនោះតិចៗ ថៃកវ៉ៃលែកអោយស ព្វលើជាងស្ងួ ។
   រៀបដាក់បន្លែបន្ទាប់គ្នាអោយបានល្អ
   ហើយយករបស់ធ្ងន់មកសង្កត់លើធ្វើអោយស្ងួ ចូលជា តិល្អទៀតឆ្ងង់ ។
3. ទុកចាល៨ម៉ោងសឺមលើកត្រលប់ស្ងួខាងលើចុះក្រោមវិញម្ដង។ (សរុប ការផ្ដាប់ ទុកមានរ យៈពេល៨ម៉ោង) ។

4. យកស្ងួដែលផ្ដាប់រួចទៅលាងទឹកអោយស្អាត អោបពួតអោយខ្សោះទឹក ចេញវិធីធ្វើ គ្រឿងសេជតិ
5. ក្នុងឆ្នាំងដាក់ម្សៅអង្ករដំណើបនិងទឹកចូលដាំហើយយកវែកឈើកូរទាស់ ម្សៅ វិកឆ្លិន
6. យកទឹកអង្ករដែលបានដាំនេះដាក់ជាមួយគ្រឿងផ្សំរសេជាតិទាំងអស់ចូល គ្នា ហើយ រាយម្អេស ម័តចូល ។

7. កាត់ផ្ទៃថារប្រវែង០.២សង់ទីម៉ែត្រ កាត់អោយក្រាស់ជាចំណិតប៉ុនៗគ្នា ស្ទឹក ខ្ទឹមកា ត់ ប្រ ហែល៤សង់ទីម៉ែត្រ

8. ដាក់ផ្ទៃថារនិងស្ទឹកខ្ទឹមចូលក្នុងគ្រឿងផ្សំរសជាតិ ហើយច្របល់ចូលគ្នាប ន្តិច ។

9. យកគ្រឿងផ្សំដែលបានលាយហើយសព្វគ្រប់នោះទៅប្រឡាក់លើគល់ស្ពៃ ដេញជេ ញហ្វុតដល់ ចុងស្ពៃអោយបានល្អ ។

10. យកគីមនីដែលបានធ្វើហើយទៅដាក់ក្នុងចុងផ្ដាប់ទុកកន្លែងមួយគ្រឹមត្រ ក្រោយ មកទៀប យក ទៅក្នុងទូទឹកកក ។
   (សំរាប់ការផ្ដាប់ទុកនាដូរអង្ការនៅខាងក្រៅរយៈពេលប្រហែល១សប្ដាហ៍ នៅផ្ទះអាគារស្លៀងត្រូវទុកផ្ដាប់នៅលើរងងហានក្រៅផ្ទះប្រហែល២ថ្ងៃអា ចដាក់ទុ កក្នុងទូទឹកកកបាន តែបើនៅ រដូវក្ដៅវិញ ក្រោយពីធ្វើហើយ ដាក់ចូលក្នុងទូទឹកក កន្លាមៗតែម្ដង ។)

■ បើសិនជាករណីមិនចង់ដាក់ទឹកត្រី អាចផ្សំ (ទឹក១០០សេសេ ឬកនឹងអំបិល១ស្លាប ព្រា កន្លះ) ដាក់ជំនួសទឹកត្រីក៏បានដែរ ។

총각김치

Chonggak-kimchi　チョンガキムチ
小伙子萝卜泡菜　KIM CHI CỦ CẢI
ប្រកម្មើមថៃបារ(ខ្ចី)

총각김치 (알타리무 김치)

비타민 C, 칼슘, 철분, 섬유질을 한꺼번에 섭취할 수 있는 총각김치입니다.
총각의 댕기머리 모양과 비슷하다고 해서 총각무라고 부른답니다.

■ 재료

알타리 2단(다듬어서 4kg), 쪽파 ½단 (300g)
소금물: 굵은소금 2컵, 물 15컵
양념: 찹쌀풀 1컵(찹쌀가루 2T + 물250cc), 새우젓 2T, 멸치액젓 1컵, 고춧가루 130g,
다진마늘 50g, 다진생강20g

■ 만드는 법

1. 총각무는 잔털을 긁어내고 수세미로 살살 문질러 깨끗이 씻어 준비한다.
2. 소금을 탄 물에 총각무를 4시간 정도 절여 깨끗이 씻어 소쿠리에 건져 물기를 뺀다.
3. 절인 총각무는 너무 큰 것은 4등분 또는 2등분 하고, 쪽파는 길게 2등분 해서 썰어 놓는다.
4. 새우젓의 건더기는 다져서 나머지 양념을 넣고 모두 섞어서 고춧가루를 불려 놓는다.
5. 총각무와 쪽파를 양념으로 고루 버무리고 쪽파를 3~4가닥씩 모아 총각무청으로 감은 다음 김치통에 담는다.

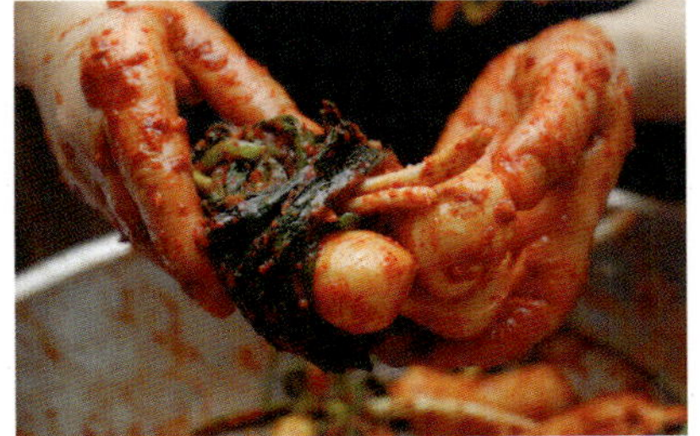

Chonggak-kimchi (Radish Kimchi)

Chonggak-kimchi is a rich source of vitamin C, calcium, iron and fiber.
"Chonggak" means a young, unmarried man in Korean. The kimchi was named so
because each radish resembles the shape of the traditional hair style that young, unmarried
men used to wear in Korea.

■ Ingredients

Young radish (peeled and prepared, 4kg), spring onions (300g)
Salt Brine: 2 cups coarse salt, 15 cups water
Sauce: 1 cup glutinous rice starch (2T glutinous rice powder + 250cc water),
2T shrimp paste, 1 cup liquefied anchovy paste, red chili pepper powder
(130g), minced garlic (50g), minced ginger (20g)

■ How to Make

1. Remove little stems from the young radish. Wash them thoroughly in water
   using a sponge.
2. Leave the radish in salted water for 4 hours or so. Rinse the salted radish
   and leave them on a strainer to drain them of excess water.
3. Cut each radish into halves or four pieces. Cut each spring onion into
   halves as well.
4. Take the shrimp out of the shrimp paste and chop it up. Mix the chopped
   shrimp and paste liquid along with other sauce ingredients.
5. Mix the radish and spring onions with the sauce. Bundle 3 or 4 pieces of
   spring onions with a radish leaf. Put everything into a big container.

チョンガキムチ

ビタミン C、カルシウム、鉄分、繊維質を一度に摂取できるチョンガキムチです。
チョンガ（未婚男性）の髪型に似ていることからチョンガ大根と呼ばれています。

■ 材料

チョンガ大根 2束(きれいにして 4kg)、わけぎ 300g
塩水：あら塩 2カップ、水 15カップ
ヤンニョム(キムチの素)：もち米のリ 1カップ(もち米粉 2T ＋ 水 250cc)、海老の塩辛 2T、イワシエキス 1カップ、粉唐辛子 130g、すりおろしにんにく 50g、すりおろし生姜 20g

■ 作り方

1. チョンガ大根はひげ根をとJ、たわしで軽くこすりながら洗っておく。
2. 塩を溶かした水にチョンガ大根を4時間くらい漬け、きれいに洗い、ザルに上げて水気を切る。
3. 塩漬けしたチョンガ大根は大きいものは4つ割リまたは2つ割リにし、わけぎは縦に2つ割リにしておく。
4. 海老の塩辛の海老はみじん切リにし、残りのヤンニョムの材料を加え、すべて混ぜ合わせ、粉唐辛子をふやかしておく。
5. チョンガ大根とわけぎをヤンニョムでまんべんなく和え、わけぎを3〜4本ずつまとめて大根の葉で包み、キムチの容器に入れる。

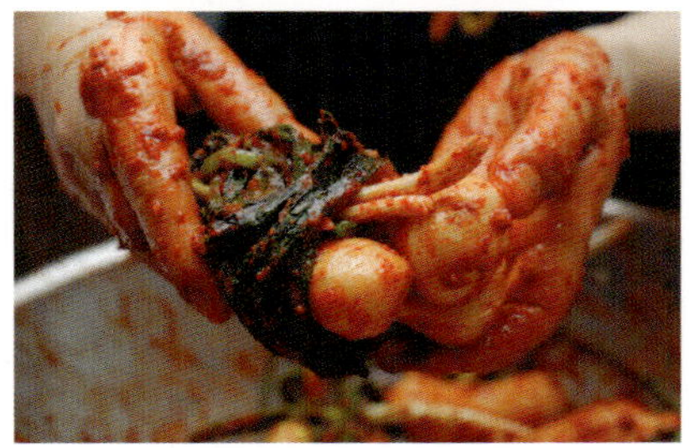

小伙子萝卜泡菜

小伙子萝卜泡菜中含有丰富的维生素 C、钙、铁、纤维质。
之所以被称为小伙子萝卜泡菜，是因为此萝卜的模样与小伙子的发辫很相似。

■ **材料**

小伙子萝卜 2捆(收拾好后 4kg)，小葱 300g
盐水：粗粒盐 2杯，水 15杯
佐料：糯米糊 1杯(糯米面 2T ＋ 水 250cc)、虾酱 2T、鳀鱼酱 1杯、辣椒面 130g、
蒜末50g、生姜末 20g

■ **做法**

1. 小伙子萝卜除去细根，用碗刷子轻轻蹭一下，洗干净，准备好。
2. 在盐水里腌制小伙子萝卜4小时左右后洗净，捞出来放在笸箩里控水。
3. 腌好的小伙子萝卜，太大的切4等分或2等分，小葱对剖成2等分
4. 捣碎虾酱里的虾后，放入所有剩余佐料拌匀，撒入辣椒面。
5. 在小伙子萝卜和小葱中加佐料拌均匀，以3～4根小葱为一捆，将小伙子萝卜的萝卜
   叶捆好，装入泡菜容器里。

KIM CHI CỦ CẢI

Kim chi củ cải là món ăn giàu hàm lượng vitamin C, chất sắt, và chất sơ. Chonggak có nghĩa là người đàn ông trẻ và chưa lập gia đình, kim chi có tên như vậy là vì hình dáng của củ cải giống như kiểu tóc truyền thống của người đàn ông chưa lập gia đình trước đây ở Hàn quốc.

Củ cải non khoảng 4kg (đã bỏ phần vỏ và rửa sạch), 300g hành lá.

Nước muối : 2 chén muối hạt, 15 chén nước.

Gia vị : 1 chén gạo nếp (2 thìa súp bột gạo nếp,250cc nước).

2 thìa mắm tôm, 1 chén mắm cá cơm, 130g bột ớt, 50g tỏi xay, 20g gừng xay.

1. Loại bỏ những rễ nhỏ quanh củ cải, rửa sạch thật kỹ bằng miếng rửa chén.

2. Ngâm củ cải trong nước muối đã pha khoảng 4 tiếng, sau đó rửa lại, để ráo nước.

3. Củ cải nếu to, cắt thành 4 phần, củ nhỏ cắt làm đôi, hành lá cắt làm đôi.

4. Vớt tôm từ mắm tôm và băm nhỏ, sau đó trộn với gia vị.

5. Trộn hỗn hợp gia vị vào củ cải và hành lá, cuốn 3-4 cộng hành lá với củ cải như hình rồi xếp vào hình lớn.

ជ្រក់មើមឆៃថាវ(ខ្ទី)

មានវីតាមីនសេរកាល់ស្យូមជាតិដែកសារធាតុសរសៃទាំងអស់នៅក្នុងជ្រក់ខ្ទីគឺមនិ។ ដោយសារតែឆៃថាវនេះមានរូបរាងស្រដៀងទៅនឹងម្ភតសក់ដែររបស់មនុស្សប្រុស ដូច្នេះហើយទើបបានជាគេហៅថាមើមថាវកំលោះ (ខ្ទី)បែបនេះ ។

■ គ្រឿងផ្សំ

កូនឆៃថាវ២ចាច់(រៀបចំសំរូលអោយស្មាត៨គីឡូក្រាម)ស្លឹកខ្ទីម៣០០ ក្រាម ទឹកអំបិល:អំបិលគ្រោះ២កែវ ទឹក១៥កែវ គ្រឿងផ្សំរសជាតិ: ម្សៅអង្ករដំណើប(ធាប់សាល់ក្បូ)១កែវ (ម្សៅអង្ករដំណើប ២ ស្លាបព្រានិងទឹក២៥០សេសេ) ទឹកត្រីធ្វើពីកូនបង្គា(សេឥុអែចុង)២ស្លាបព្រាទឹកត្រីធ្វើ ពីកូ នត្រី(ម៉ិញលធិ អៃចុ ត) ១កែវ ម្ទេសម៉ត់១៣០ក្រាម ខ្ទឹមសបុក៥០ក្រាម ខ្ទីបុក២០ ក្រាម ។

■ របៀបធ្វើ

1. យកឆៃថាវដុសលាងរោយនិងដីចេញជាមួយនិងដែកដុសស្មាងអោយបាន ស្មាត ហើយត្រៀមទុក

2. យកឆៃថាវទៅត្រាំទឹកអំបិលប្រហែល៨ម៉ោងអោយទ្រោមរួចចាំលាងទឹកចេញ ស្មាត

3. ពុះឆៃថាវមើមណាដែលធំជាបួនជ្រុងហើយណាតូចជាពីរជុំ ងស្លឹកខ្ទីមហា ន់ជាពីរកំណាត់ដែរទុកអោយស្រេច ។

4. នៅក្នុងទឹកត្រីដែលធ្វើពីបង្គាស្រង់យកបង្គាចេញ រួចចិញ្ច្រាំដាក់ច្របល់ច លគ្នាហើយគ្រឿងផ្សំរសជាតិដែលសល់ទាំងប៉ុន្មានដាក់ច្របល់គ្នា រួចចាំរោយម្ទេស ម៉ត់ ។

5. យកឆៃថាវនិងស្លឹកខ្ទីមដាក់ចូលគ្នា និងគ្រឿងផ្សំរសជាតិដែលបានធ្វើបំុងទុក នោះមកលាយគ្នាសំអេចហើយចាំរើសយកសរសៃស្លឹកខ្ទីម៣ទៅ៤សរសៃ មកផ្គុំគ្នាចងអោយមើមឆៃថាវរួចហើយដាក់ចូលក្នុងប្រអប់ធុងដាក់ជ្រក់ជា ការស្រេច ។

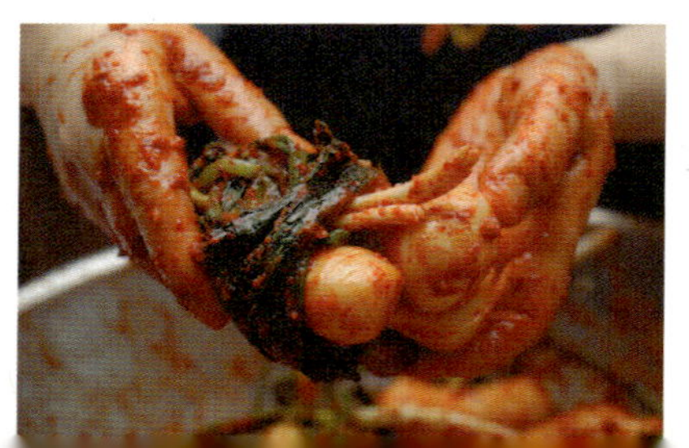

나박김치

Nabak-kimchi　ナバクキムチ　萝卜片泡菜
KIM CHI NƯỚC　ប្រក់លាយបន្លែច្រើនមុខ

나박김치

국물김치 중의 하나인 나박김치를 만들어 봅니다.
국물의 간을 소금으로만 하기 때문에 맛이 깔끔하며 재료 자체의 맛을 느낄 수 있는 담백한
김치라 할 수 있습니다.

■ 재료

무 500g, 배추 500g (소금 20g), 오이 150g, 실파 50g, 미나리 50g, 마늘 3쪽,
생강1톨, 청고추 2개, 홍고추 2개
국물 1: 물 2컵, 고춧가루 20g
국물 2: 물 9컵, 설탕 1T, 소금 30g

■ Tip!

배추는 달고 맛있는 배추속을 준비하면 좋습니다.

■ 만드는 법

1. 국물 1은 미리 섞어 둔다.
2. 무와 오이는 나박썰기 한다 (가로 3cm, 세로 2.5cm, 두께 0.3cm).
   배추는 길이로 이등분하여 3cm로 썬다.
   실파와 미나리는 5cm 길이로 썬다.
   마늘과 생강, 청 · 홍고추는 채썬다.
3. 무와 배추에 소금 20g을 뿌려서 30분 두었다가 헹구지 않고 그대로 사용한다.
   섞어 둔 국물 1을 거즈에 걸러 준 후 나머지 재료를 넣고 국물 2를 부어준다.

■ Tip!

■ 절인 무와 배추는 헹구지 않습니다.
   불려 놓은 고춧가루는 거즈에 넣고 조물조물 해서 김치물을 우려내 주면
   국물에 고춧가루가 뜨지 않는 깔끔한 나박김치를 만들 수 있습니다.

Nabak-kimchi (Kimchi with Various Vegetables)

Kimchi is by far the most representative food of Korea. Nabak-kimchi is one of the few types of kimchi that actually has watery brine.
All you need to taste the vegetables is salt. This helps maximize the flavors of all the vegetables used.

■ Ingredients

Radish (500g), Chinese cabbage (500g, salted with 20g of salt), cucumbers (150g), spring onions (50g), water parsley (50g), 3 garlic cloves, 1 ginger, 2 green chili peppers, 2 red chili peppers
Red Chili Pepper Sauce: 2 cups water, red chili pepper powder (20g)
Brine: 9 cups water, 1T sugar, salt (30g)

■ Tip!

Use the inner leaves of the Chinese cabbage, as they are much sweeter and tenderer.

■ How to Make

1. Make the red chili pepper sauce first and leave it aside.
2. Cut the radish and cucumbers into slices (3cm–wide, 2.5cm–long, 0.3cm–thick). Halve the cabbage and cut them into 3cm–long pieces. Cut the spring onions and water parsley into 5cm–long pieces. Slice up the garlic, ginger, and chili peppers into thin pieces.
3. Sprinkle 20g of salt over the radish and cabbage and leave them aside for 30 minutes. Do not rinse them after salting them. Filter the red chili pepper powder sauce through a thin gauze or towel. Mix it with the vegetables and the brine.

■ Tip!

■ Do not rinse the salted radish and cabbage.
Squeeze the watered red chili pepper powder in a thin piece of cloth to make the sauce.
This is to prevent little flakes of red chili pepper powder from emerging in the kimchi.

ナバクキムチ

キムチといえば、韓国を代表する料理ですが、数多くのキムチの中で、汁ごと食べるキムチのひとつであるナバクキムチを作ってみます。
汁の塩加減を塩だけで調整するので、さっぱりした味で、材料そのもの味を感じられる淡白なキムチと言えます。

■ 材料

大根 500g、白菜 500g (塩 20g)、きゅうリ 150g、糸ネギ 50g、せり 50g、にんにく 3片、
生姜1片, 青唐辛子 2本、赤唐辛子 2本
汁1： 水 2カップ、粉唐辛子 20g
汁2： 水 9カップ、砂糖 1T、塩 30g

■ Tip!

白菜は甘くて美味しい内側の部分を用意した方がいいです。

■ 作り方

1．先に汁1に水と粉唐辛子を混ぜてふやかす。
2．大根ときゅうリは薄い角切リにする。(横3cm、縦2.5cm、厚さ0.3cm)
　　白菜は縦に2つ割リにし、3cmの長さに切る。
　　糸ネギとせリは5cmの長さに切る。
　　にんにくと生姜、青唐辛子・赤唐辛子は千切リにする。
3．大根と白菜に塩20gをふりかけ、30分置いておく洗わない。
　　混ぜておいた汁1をこし布でこし、残リの材料を加え、汁2を入れる。

■ Tip!

■塩漬けした大根と白菜は洗いません。
　ふやかしておいた粉唐辛子はこし布に入れ、軽くもみもみしてキムチ汁を出します。
　だし汁に粉唐辛子が浮かばないすっきりしたナバクキムチが作れます。

萝卜片泡菜

可以说，泡菜方便面是韩国的代表性料理，在种类繁多的泡菜中， 做一下有汁泡菜之一的萝卜片泡菜吧。
汁只用盐调味，所以味道清淡， 这是一道可以吃出材料本身味道的清淡型泡菜。
这是一道可以吃出材料本身味道的清淡型泡菜。

■ 材料

萝卜 500g、白菜 500g (盐 20g)、黄瓜 150g、小葱 50g、水芹菜 50g、大蒜 3瓣、生姜 1粒，
青辣椒 2个，红辣椒 2个
汁1：水 2杯，辣椒面 20g
汁2：水 9杯、砂糖 1T、盐 30g

■ Tip!

选择味甜好吃的白菜心比较好。

■ 做法

1. 把汁1里的水和辣椒面先拌好泡开。
2. 萝卜和黄瓜切成片。(横3cm、竖2.5cm、厚度0.3cm)
   白菜按长条分2等分后，切成3cm。
   小葱和水芹菜按5cm长度切好。
   大蒜和生姜、青、红辣椒切丝。
3. 在萝卜和白菜上撒入盐20g，放置30分钟后 不冲洗。
   把拌好的汁1用罗纱布过滤后，放入剩余材料再倒入汁2。

■ Tip!

■ 腌好的萝卜和白菜不冲洗。
  泡好的辣椒面，用罗纱布过滤，制成泡菜汁，就可以做出没有辣椒面浮在泡菜汁上面，
  看起来非常干净的萝卜片泡菜了。

KIM CHI NƯỚC

Kim chi là một trong những món ăn tiêu biểu của Hàn quốc, nabak-kimchi là một trong số rất ít loại kim chi muối trong nước. Gia vị dung chính là muối. Vì vậy chúng làm giàu thêm hương vị của các nguyên liệu dung để muối.

■ Thành phân

500g củ cải, 500g cải thảo, 20g muối, 50g hành lá, 150g dưa leo, 50g cần nước, 3 củ tỏi, 1 củ gừng, 2 quả ớt xanh, 2 quả ớt đỏ.
Nước xốt ớt đỏ : 2 chén nước, 20g bột ớt.
Nước muối : 9 chén nước, 1 thìa súp đường, 30g muối.

■ Tip!

Nên dùng lá bên trong cải thảo (Trung quốc) vì chúng ngọt và mềm hơn.

■ Cách làm

1. Làm nước xốt ớt đỏ: cho bột ớt vào trong nước và khuấy đều.
2. Cắt củ cải và dưa chuột thành từng miếng vuông ngang 3cm, dọc 2.5cm, dày 0.3cm. cắt cải thảo làm đôi, sau đó cắt thành từng đoạn dài 3cm. Hành lá và cần nước cắt thành từng đoạn dài 5cm. Tỏi, gừng, ớt xanh, và ớt đỏ cắt thành sợi.
3. Rắc 20g muối vào củ cải và cải thảo vừa cắt, để trong 30 phút, không rửa lại sau khi ngâm muối. Lọc phần nước xốt ớt đỏ, trộn với rau và nước muối.

■ Tip!

■ Không rửa lại phần củm cải và cải thảo đã ngâm muối. Lọc phần nước xốt ớt đỏ để nước kim chi trong hơn.

ជ្រក់លាយបន្លែច្រើនមុខ

គីមឈីគឺជាម្ហូបរបស់ប្រទេសយើង(កូរ៉េ)ហើយជាប្រភេទម្ហូបដែលចាត់ទុកជា
ម្ហូបថ្នាក់ ជាតិឯងដែរៗ គីមឈីមានច្រើនប្រភេទ ហើយក្នុងចំណោមប្រភេទ
គីមឈីជាច្រើន ក៏មា ន ណាបាក់គីមឈីនេះដែរ ដែលលើកយកមកធ្វើ ។
ពីព្រោះតែរសជាតិអំបិល ផ្អាល់ ដាក់ក្នុង ទឹកទៀបធ្វើអោយមានរសជាតិ
ឆ្ងាញ់ ហើយគ្រឿងផ្សំក៏អាចផ្តល់នូវ រសជាតិ ស្រាលនៃ គីមឈីនេះផងដែរ ។

■ គ្រឿងផ្សំ៖

មៃមនៃថារ៥០០ក្រាម ស្ពៃបំពង៥០០ក្រាម (អំបិល២០ក្រាម) ត្រសក់១៥០
ក្រាម ស្លឹកខ្ទឹម៥០ក្រាម ភ្លៅខ្ទៃប៥០ក្រាម ខ្ទឹមសៗកំពីស ខ្ញី១ដុំ ម្ទេសខៀ
រ២ផ្ល ម្ទេស ក្រហម២ផ្ល
ទឹកជ្រលក់១៖ ទឹក២កែវ ម្ទេសម៉ត់២០ក្រាម
ទឹកជ្រលក់២៖ ទឹក៩កែវ ស្ករស១ស្លាបព្រា អំបិល៣០ក្រាម

■ Tip!

បើចង់បានស្ពៃបំពង់មានរសជាតិឆ្ងាញ់និងមានរសជាតិផ្អែមនោះ
សូមត្រៀមយកស្រទាប់ខា ងក្នុងរបស់ស្ពៃបំពង់មកធ្វើជាការល្អប្រសើរណាស់ ។

■ របៀបធ្វើ

1. ទឹកជ្រក់ទី១ លាយទឹកជាមួយម្ទេសម៉ត់ កូរអោយរលាយជាមួយគ្នាទុកអោយ
   ហើយ

2. ហាន់មៃមនៃថារ ត្រសក់រាងជ្រុង (ទឹងៗសង់ទីម៉ែត្រ បណ្ដោយ២.៥ស
   ង់ទីម៉ែ ត្រ និងកំរាស់០.៣សង់ទីម៉ែត្រ)ៗស្ពៃបំពង់ជាពីរកំណត់ហើយកា
   ត់៣សង់ទីម៉ែ ត្រងខ្ទឹមសខ្ទី ម្ទេសខៀរ ម្ទេសក្រហមហាន់អោយស្តើងៗ ។

3. រាយអំបិល២០ក្រាម ដាក់លើមៃមនៃថារនិងស្ពៃក្ដោបទុក៣០នាទី ហាម
   លាង ទឹកចេញ ។ ទឹកជ្រក់ទី១ដែលបានលាយរួចនោះ សំរិតយកទឹករា
   ចោលកាកចេ ញហើយដាក់គ្រឿងផ្សំដែលនៅសល់ចូល ទៀបចាក់ទឹកជ្រក់
   ទី២ចូលជាការស្រេចៗ

■ Tip!

■ មៃមនៃថារនិងស្ពៃបំពង់ដែលប្រឡាក់អំបិលហើយនោះហាមមិនអោយលាងទឹកចេ
ញជា យសារតែទឹកជ្រក់របស់ម្ទេសម៉ត់ទៀបធ្វើគីមឈីនេះជោរទឹកចេញជាតិមករីង
ទឹកជ្រក់ទៀតសោតក៏គ្មានលេញចេញមកន្ទរម្ទេសម៉ត់ទេនេះហើយជាណាបាក់គីមឈី
ដែលមានភាពស្ល៉ តបាតហើយដែលអាចធ្វើបានយ៉ាងពិតប្រាកដ ។

명절음식

- 떡국 Ddeok-guk トックッ 年糕汤 CANH TTOK សម្លតកតុក
- 삼색송편 Samsaek Songpyeon 三色ソンピョン 三色蒸糕
  BÁNH SONG PYEON 3 MÀU នំម្សៅដែលធ្វើពីម្សៅអង្ករ មានក្បាច់ចំលាក់ស្អាតហើយមានបីពណ៌

떡국

떡국

예전에는 떡국을 새해 첫날 아침에 끓여 먹어 나이를 한 살 더 먹는 의미였다고 하는데요.
떡국을 끓이는 가래떡은 길어서 장수를 의미했고, 동그랗게 썬 모양은 엽전을 뜻해서 부
자가 되라는 의미였다고 합니다.

■ 재료

떡국 떡 500g, 쇠고기 등심 150g, 대파 30g (1대)
고기 밑간: 소금 1.8g (½t), 참기름 2.5g (½t), 후추 조금
국물: 물 1,200cc (6컵), 다시마 10g
양념: 다진마늘 7.5g (½T), 맑은장국 7.5g (½T), 소금 조금
고명: 계란 지단, 채썬 김

■ 만드는 법

1. 쿠커에 국물 재료를 넣고 30분 둔 다음 끓으면 다시마는 건져낸다.
2. 쇠고기는 핏물을 제거한 후 잘게 썰어 밑간하고 대파는 어슷썬다.
3. 국물에 밑간 한 쇠고기를 넣고 끓으면 떡과 다진마늘을 넣고 한소끔 끓이다가 맑은장국과
   소금으로 간을 맞추고 대파를 넣어 한소끔 끓으면 그릇에 담아 계란 지단과 채썬 김을 얹는다.

Ddeok-guk (Hot Soup with Rice Cake)

Rice, Koreans eat ddeok-guk at the beginning of each year (by the lunar calendar) to mark the addition of another year to their lives. The long rice cake (garae-ddeok) symbolizes longevity, while their circular shape symbolizes coins or wealth.

■ Ingredients

Ddeok (rice cake for soup), sirloin beef (150g), 1 leek
Beef Marinade: ½ T salt, ½ T sesame seed oil, ground black pepper
Broth: 6 cups water, kelp (10g)
Sauce: ½ T minced garlic, ½ T soy sauce for soup, salt
Garnish: Egg spread thinly sliced into strips, kim (dry seaweed) strips

■ How to Make

1. Put the broth ingredient in a pot. Leave it there for 30 minutes. After boiling it, take the kelp out.
2. Remove the blood from the beef and slice it into thin strips and salt them. Slice the leek as well.
3. Put the beef strips into the broth. When it starts boiling, add ddeok (rice cake) and minced garlic. After a while, taste the soup with clean soup stock and salt and add the leek slices. Serve in a bowl with sliced egg spread strips and kim strips as garnish.

トックッ

昔は元旦の朝トックッを食べると、年を一歳とるとの意味だったそうです。
トックッに使われるガレトック（トックようの細長いお餅）の細長い形は長寿を意味し、切ったときの丸い模様は、お金の形でお金持ちになるとの意味だったそうです。

■ 材料

トックッ用のお餅 500g、牛ロース肉 150g、長ネギ1本
肉の下味付け調味料： 塩 ½T、ごま油 ½T、胡椒少々
だし汁： 水 6カップ、昆布 10g
合わせ調味料： すりおろしにんにく ½T、だし醤油 ½T、塩少々
薬味： 卵の薄焼きの千切り、海苔の千切り

■ 作り方

1. クッカーにだし汁の材料を入れて30分間おき、煮立ったら昆布は取り出す。
2. 牛肉は血の気を取った後、細かく切って下味を付け、長ネギは斜めに切る。
3. だし汁に下味を付けた牛肉を入れ、煮立ったら餅とすりおろしにんにくを加える。
   ひと煮立ちしたらだし醤油と塩で味を調え、長ネギを加え、煮立ったら器に盛り、卵の薄焼きと海苔の千切りを載せる。

年糕汤

以往，年糕是大年初一早晨煮着吃的食物，所以有"吃完年糕汤，又长一岁"的说法。
煮年糕的米条长，意味着长寿；切成圆形，象征铜钱，所以有"恭喜发财"的意思。

■ 材料

年糕 500g、牛肉里脊肉 150g、大葱 1根
肉底料：精盐 ½t，香油 ½t，胡椒少许
汤：水 6杯，昆布 10g
佐料：蒜末 ½T、汤酱油 ½T、精盐少许
点缀材料：鸡蛋，紫菜丝

■ 做法

1. 锅里放入煮汤材料煮30分钟。煮开后，捞出昆布。
2. 牛肉去除血水，切成细丝放入底料，大葱切斜丝。
3. 汤里放入有底料的牛肉，煮开后放入年糕和蒜末再煮一会儿，用清酱油汤和精盐调咸淡后放入大葱，稍煮一会儿后，装入碗里，放上鸡蛋饼和紫菜丝。

CANH TTOK

Canh Ttok, theo quan niệm ngày xưa là món ăn vào buổi sáng ngày mồng 1 tết với ý nghĩa là thêm một tuổi mới. Ttok hình dài được dùng để nấu canh Ttok thường mang ý nghĩa chúc trường thọ, còn ttok hình tròn hoặc oval giống hình đồng tiền cổ của Hàn quốc mang ý nghĩa chúc giàu có và thịnh vượng.

■ Thành phân

500g Ttok (loại dùng để nấu canh ttok), 150g thịt bò, 1 nhánh hành lớn.
Nguyên liệu ướp : ½ thìa súp dầu mè, ½ thìa súp muối, một chút tiêu.
Nước canh : 6 chén nước, 10g lá tảo.
Gia vị : ½ thìa súp tỏi nghiền, ½ thìa súp xì dầu, muối.
Trang trí : trứng chiên mỏng, cắt thành sợi. Lá kim được cắt thành sợi.

■ Cách làm

1. Cho nguyên liệu làm nước canh vào nồi, ngâm trong 30 phút, sau đó đun sôi, vớt lá tảo ra.

2. Thịt bò rửa sạch cắt nhỏ rồi ướp, hành lớn cắt lát.

3. Cho thịt bò đã ướp vào nước canh, đun sôi, sau đó cho ttok và tỏi nghiền vào và đun sôi lần nữa, nêm lại với xì dầu và muối. Cuối cùng cho hành lớn vào, múc ra tô và trang trí bằng trứng và lá kim.

សម្លគកគុក

កាលពីសម័យមុនគេចាត់ទុកការទទួលទានសម្លគកនេះ នៅពេលព្រឹកថ្ងៃចូលឆ្នាំដំបូង គឺចាត់ទុកថាក្រោយពីបានទទួលទានហើយ ត្រូវកើនអាយុ១ឆ្នាំទៀត ហើយអ្នកដែល បានទទួលទានសម្លគក នៅថ្ងៃនោះនឹងមានអាយុវែងដូចជាគកៗ មួយវិញទៀតគេចាត់ ទុកថាគកដែលគេកាត់នោះ មានរាងមូលដូចជាប្រាក់កាក់ ហេតុនេះហើយបានជាគេ អោយន័យថា ពេលទទួលទានហើយនឹងបានក្លាយទៅជាអ្នកមានទៀតផង ។

■ គ្រឿងផ្សំ៖

គកគុកគក៥០០ក្រាម សាច់គោសាច់ចំឡក២៥០ក្រាម មើមខ្ទឹមដេជា១ដើម សាច់គោយកទៅប្រឡាក់គ្រឿង៖អំបិលកន្លះស្លាបព្រា ប្រេងល្ងកន្លះស្លាបព្រាម្រេចបន្តិច
ទឹកស៊ុប: ទឹក៦កែវ និងសាវាយសមុទ្រថាស៊ីម៉ា
គ្រឿងផ្សំរសជាតិ: ខ្ទឹមសបុកកន្លះស្លាបព្រា ទឹកត្រីគុកខាន់ចាំងកន្លះស្លាបព្រានិងអំបិលបន្តិច
ការដាក់លំអ: ពងមាន់ចៀននិងគីមហាន់អោយស្តើងៗទុករោយពីលើសម្ល ។

■ របៀបធ្វើ

1. ដាក់ទឹកនិងសាវាយថាស៊ីម៉ាចូលក្នុងឆ្នាំងដាំ៣០នាទី ពេលពុះត្រូវស្រង់យកសាវាយ ថាស៊ីម៉ាចេញ ។

2. យកសាច់គោដាក់ត្រាំទឹកអោយចេញជាតិឈាមមកក្រៅ ហើយចាក់ទឹកនោះចោលរួចហាន់សាច់អោយខ្លីៗហើយយកសាច់ប្រឡាក់គ្រឿង រួចហាន់មើមខ្ទឹមដេជាស្តើង ។

3. យកសាច់ដែលប្រឡាក់គ្រឿងរួចនោះ បង់ចូលក្នុងឆ្នាំង ពេលទឹកពុះឡើងដាក់គកនិងខ្ទឹមសបុកចូល ហើយដាំមួយពុះទៀត ចាំចាក់ត្រីនិងអំបិលចូល រួចភ្លក់រសជាតិ អោយល្មមហើយ ចាំដាក់ខ្ទឹមដេជាចូលដាំមួយពុះទៀត ទើបដួលដាក់ចាន រួចរោយ ពងមាន់ចៀនដែលហាន់ហើយនោះនិងគីមពីលើសម្លនេះជាការស្រេច ។

삼색송편

Samsaek Songpyeon　三色ソンピョン　三色蒸糕

BÁNH SONG PYEON 3 MÀU
នំម្សៅដែលធ្វើពីម្សៅអង្ករ
មានក្បាច់ចំលាក់ស្អាតហើយមានបីពណ៌

삼색송편

추석에 만들어 먹는 전통떡 "송편"입니다.
천연가루를 섞어서 삼색송편을 만들어 봅니다.
각 지방마다 송편 모양이나 송편 안에 들어가는 소가 각양각색이지만, 여기서는 가장
기본적인 송편 모양과 소를 가지고 송편을 만들어 봅니다.

■ 재료

멥쌀가루 4컵씩(400g) X 3개 (방앗간에서 소금과 물을 내린 가루일 경우)

뜨거운 물 2컵씩

천연색소: 쑥가루, 고구마 자색가루 (1½t ~ 2t)

소: 거피 팥고물 1컵 꿀1t, 소금 조금 깨 1컵 꿀1T, 계피가루 조금, 소금 조금

기타: 참기름

■ 만드는 법

1. 팥은 거피가 되고, 반 갈라 놓은 것으로 준비해 하룻밤 불린 다음, 깨끗이 씻은 후 찜기에
   찌고 다음 반쯤 으깬 후 꿀과 소금을 기호에 맞게 넣어 준비한다.
2. 깨는 빻은 후 꿀, 계피가루, 소금을 섞어 놓는다.
3. 쌀가루를 3컵씩 원하는 색을 넣어서 체에 내려 익반죽 한다.
   (쌀가루의 수분상태를 보고 물의 양을 조절한다)
4. 떡 반죽을 밤알만한 크기로 떼어 둥글게 빚은 다음 가운데 우물을 파서 소를 넣고 오므려
   송편 모양을 만든다.
5. 찜기에 면보를 깔고 송편을 가지런히 놓은 뒤 김 오른 찜기에 20분 정도 찐 후 10분 정도
   뜸들인다.
6. 찐 송편은 찬물에 담갔다 빼고 참기름을 발라 송편이 달라붙지 않도록 한다.

■ Tip!

- 안에 넣는 소를 달게 먹고 싶으면 설탕이나 꿀을 더 첨가하면 됩니다.
  추석 쯤에는 풋콩을 삶아서 소금으로 간을 하여 소로 넣어도 맛있는 송편이 됩니다.
  이외에도 밤을 삶아서 으깬 후, 꿀이나 설탕을 넣어도 좋습니다.
- 색을 내는 가루로는 계피가루, 백년초가루, 단호박가루 등 천연가루를 이용하여 원하는 색
  으로 만들면 좋습니다.
- 꽃송편은 우물을 파서 소를 넣은 뒤 오므려서 둥글게 다시 빚은 후 위아래를 살짝 눌러주고,
  옆면에 일정한 간격으로 칼집을 냅니다. 다른 색깔의 반죽을 위에 얹어서 완성합니다.

Samsaek Songpyeon

(Steamed Rice Pastry in Three Colors)

Songpyeon is a traditional rice pastry enjoyed especially on the Korean Thanksgiving.
Make this delicious treat in various colors using natural ingredients.
The shape and stuffing vary from region to region. This recipe introduces the most standard or basic shape and stuffing.

■ Ingredients

4 cups rice powder (400g) X 3 (if rice had been powdered with salt and water at a mill).
2 cups boiling water for each of the three pieces of dough.
Colors: dried and powdered mugwort, sweet potato powder (1 ½ t ~ 2t)
Stuffing: 1 cup red bean paste (with 1t honey and salt)
1 cup sesame seeds (with 1T honey, cinnamon powder and salt)
Other: Sesame seed oil

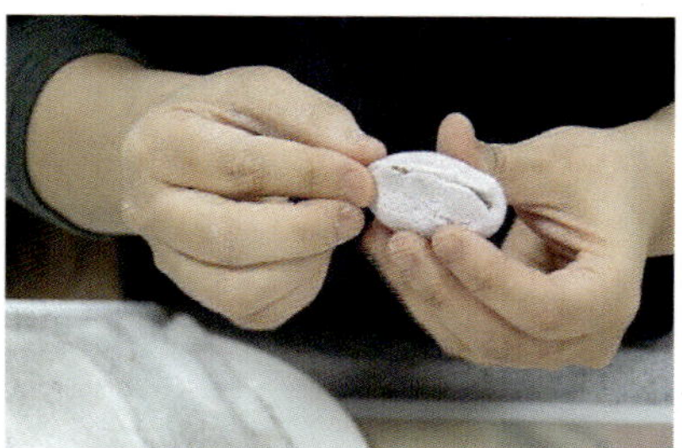

■ How to Make

1. Remove skin and dirt from the red beans. Halve each bean. Leave them in water overnight. Rinse them thoroughly the next morning and steam them. Pound them into paste, adding honey and salt as needed.
2. Pound the sesame seeds as well. Mix them with honey, cinnamon powder and salt.
3. Add whatever coloring ingredient you want to 3 cups of rice powder. Run the mixture through a strainer and boil it. (Adjust the amount of water you add depending on how much water the rice powder contains in the first place.)
4. Tear a chestnut-sized piece off the dough. Make it round between your palms. Make a hole in the middle, add the stuffing, and wrap it with the dough.
5. Cover the bottom of the steam pot with a piece of cotton cloth. Arrange the songpyeon on it. Steam them for 20 minutes. Leave them for 10 minutes.
6. Dip the cooked songpyeon in cold water. Spread sesame oil over them.

■ Tip!

- Add more sugar or honey if you want to make the stuffing sweeter.
  Koreans make the stuffing of boiled fresh beans and chestnuts, pounded and mixed with salt, sugar and honey, around the time of the Korean Thanksgiving.
- You can use any natural coloring ingredients, including cinnamon powder, baeknyeoncho powder, and even squash powder.
- Make a hole in the middle of the chestnut-sized, round dough. Fill it with stuffing. Close the gap and mold it into a round shape again. Apply pressure to the bottom. Scratch both sides with the knife. Cover it with the dough of another color to complete.

三色ソンピョン

お盆に食べる伝統のお餅「ソンピョン（松餅）」です。
天然の粉を使って三色のソンピョンを作ってみます。
地方によってソンピョンの形やあんはさまざまですが、ここでは
最も基本的な形とあんのソンピョンを作ってみます。

■ 材料

うるち米粉 4カップずつ (400g) × 3個 (粉屋で塩と水を出した粉の場合)
熱湯 2カップずつ
天然色素: ヨモギ粉、紫サツマイモ粉 (1½t〜2t)
あん: あずきあん (皮を剥いたもの)1カップ…ハチミツ 1t、塩少々
ごま1カップ…ハチミツ1T、シナモンパウダー少々、塩少々
その他: ごま油

■ 作り方

1. 小豆は皮を剥いて半分に分けたものを準備して一晩ふやかし、きれいに洗ってから蒸し器
   で蒸す。蒸しあがったものを半つぶしの状態にし、ハチミツと塩をお好みによって入れて準
   備しておく。
2. ごまは軽くすってハチミツ、シナモンパウダー、塩を混ぜておく。
3. 米粉3カップずつにそれぞれの天然色素を入れ、ザルで濾し、熱湯で練る。
   (米粉の水分の状態をみてから水の量を調節する)

4. 餅を栗粒ほどの大きさにちぎり、くるくる丸める。
   深めの溝を作ってあんを入れ、口を閉じてソンピョンの形を整える。
5. 蒸し器に蒸し布を敷いてソンピョンをそろえ、蒸気の上がった蒸し器で20分ほど蒸した後、
   さらに10分ほど蒸らす。
6. 蒸し上がったソンピョンは、冷水に一度通し、ごま油を塗って餅同士がくっつかないように
   する。

■ Tip!

- 中に入れるあんは甘いのがよければ、砂糖やハチミツを添加します。
  お盆には若い豆を茹でて塩で味を調えてあんに使っても美味しいソンピョンができます。
  他にも栗を茹でてつぶした後、ハチミツや砂糖を入れてもいいです。
- シナモンパウダー、百年草粉、かぼちゃ粉などの天然のものを利用して、好みの色を作るとい
  いです。

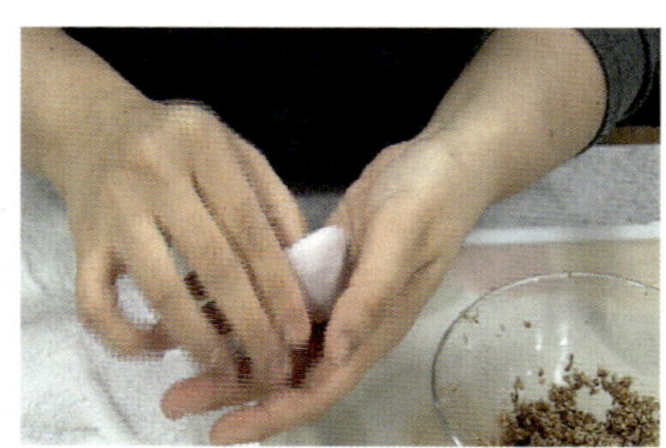

- 花ソンピョンを作る。
  深めの溝を作ってあんを入れてから口を閉じ、丸く形を整えた後、上下を軽く抑える。
  側面に一定の間隔で切り込みを入れる。
  違う色の生地を上にのせて出来上がり。

三色蒸糕

"蒸糕"是在中秋节吃的传统糕点。
我们来做一下加入天然粉末的三色蒸糕吧。
各个地方的蒸糕形状不同,放进去的馅不同, 但是, 在这里 我们来用最基本的蒸糕
形状和馅做下蒸糕吧。

■ 材料

粳米面 4杯 (400g) × 3份 (在碾米房里, 对好精盐和水)
天然色素: 艾蒿粉, 紫薯粉 (1½t ～ 2t)
馅: 去皮红豆馅 1杯, 蜂蜜1T, 精盐少许
芝麻1杯, 蜂蜜 1T、桂皮粉少许, 精盐少许
其它: 香油

■ 做法

1. 准备好去皮分成两瓣的红豆, 泡一夜, 洗净, 在蒸锅上蒸熟后压碎, 按喜好放入适量
   蜂蜜和精盐。
2. 轻轻捣碎芝麻,加入蜂蜜、桂皮粉,精盐搅拌好。
3. 在3杯米面里加入喜欢的颜色, 用筛子滤一下, 用开水和面。
   (要考虑米面的水分状态, 调节水量。)
4. 在和面时, 取栗子般大小的小块, 捏圆后, 在中间挖一个小井放入馅, 捏口做蒸糕的形状。
5. 在蒸锅里铺好棉布, 并排放好蒸糕, 在已有蒸汽的蒸锅里蒸上20分钟左右后, 焖上10
   分钟左右。
6. 把蒸好的蒸糕放入凉水里再捞出来, 抹上香油。要防止蒸糕粘在一起。

■ Tip!

■ 如果喜欢甜味, 可以在馅里另外再加入砂糖或蜂蜜, 以增加甜味。
  临近中秋, 可以煮熟嫩豆, 加入精盐调味, 做馅, 也可以做出很好吃的蒸糕。
  另外, 可以把煮熟的栗子捣碎后, 加入蜂蜜或砂糖也很不错的。
■ 可以调出颜色的天然粉末有桂皮粉末、百年草粉末、甜瓜粉末等。
  利用天然粉末调出喜欢的颜色, 有益于健康。
■ 挖井放入馅, 捏口重新捏成圆团后, 轻轻压下, 在边上一定间隔用刀刻上花样。
  把不同颜色的面都放上去就完成了。

BÁNH SONG PYEON 3 MÀU

Đây là món ăn truyền thống được làm vào dịp trung thu, bánh được làm từ các loại bột thiên nhiên.

Tùy từng vùng mà bánh có hình dáng và nhân khác nhau tạo thành sự đa dạng và đặc sắc cho bánh. ở đây, chúng tôi chỉ xin giới thiệu loại bánh đơn giản.

■ Thành phân

4 chén bột gạo nếp (400g) (dùng 3 chén trong trường hợp bột có chứa sẵn muối và nước).

2 chén nước nóng.

Chất màu tự nhiên: bột ngải cứu, bột lấy từ khoai lang (1/2-2 thìa cà phê).

Nhân : 1 chén bột đậu đỏ (với 1 thìa cà phê mật ong và muối).

1 chén hạt mè (với 1 thìa súp mật ong, bột quế và muối).

Một ít dầu mè.

■ Cách làm

1. Đậu đỏ bỏ vỏ, cắt làm đôi, ngâm từ đêm hôm trước, sau đó đem rửa sạch, và hấp, giã cho mịn, và cho mật ong và muối.

2. Nghiền nát hạt mè rồi cho mật ong, bột quế và một ít muối trộn lên.

3. Cho bột màu vào 3 chén bột gạo, lọc lại và đun sôi (điều chỉnh lượng nước cho phù hợp).

4. Nặn bột bánh thành từng miếng bằng nửa quả trứng, nặn tròn bằng tay, sau đó ấn vào giữa và cho nhân bánh vào, đắp lại.

5. Hấp bánh: đặt bánh đã nặn lên tấm vải mỏng đã trải ở dưới đấy nồi, hấp trong khoảng 20 phút, để nguội trong 10 phút.

6. Sau đó, nhúng bánh qua nước lạnh, rồi vớt ra, quét dầu mè lên trên để bánh không bị dính vào nhau.

■ Tip!

■ có thể cho thêm đường và mật ong nếu bạn muốn nhân bánh ngọt hơn.

■ Trong dịp trung thu (Chu-sok), người hàn quốc thích nhân bánh được làm bằng đậu và hạt dẻ với muối, đường và mật ong.

■ Bột màu thiên nhiên có thể được làm từ bột quế, hoặc bột bí non.

■ Làm hoa Song Pyeong: ấn vào giữa miếng bột, cho nhân vào rồi đắp lại và nặn theo hình tròn, sau đó dùng dao khứa nhẹ tạo thành cánh hoa, nặn miếng bột khác màu đắp lên phần trung tâm làm nhụy hoa.

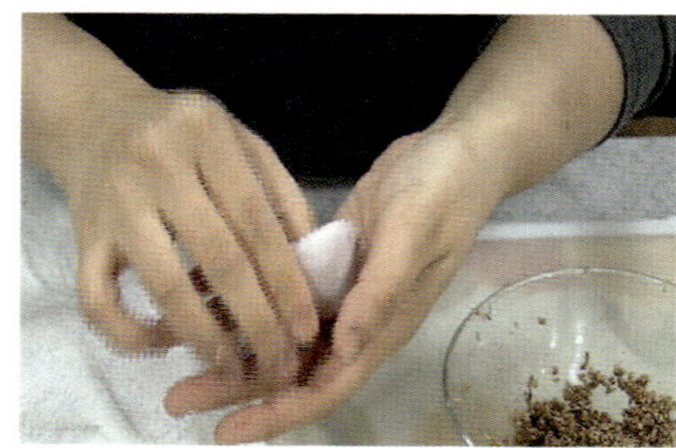

នំម្សៅដែលធ្វើពីម្សៅអង្ករ មានក្បាច់ចំលាក់ស្អាតហើយមានបីពណ៌

ស៊ុងផ្យុនជានំប្រពៃណីដែលគេធ្វើសំរាប់ពិសានៅរដូវភ្លុំបិណ្ឌកួរៗ។ សូមធ្វើនំនេះពីម្សៅពណ៌ធម្មជាតិលាយគ្នាជាបីពណ៌សំរាប់ធ្វើនំនេះៗ គេធ្វើនំនេះមានពណ៌និងម្យ៉ូតខុសៗគ្នាទៅតាមតំបន់ ក៏ប៉ុន្តែនៅទីនេះគឺបានលើកយកមូលដ្ឋានគ្រឹះនៃម្យ៉ូតស្ទួលមកធ្វើជានំ បង្ហាញជូន។

■ គ្រឿងផ្សំ

ម្សៅអង្ករសុទ្ធ៤កែវ រ៍៥០០ក្រាមX៣ដង យកទៅកិនដាក់អំបិលនិងទឹក ករណីដែលមាន ម្សៅចេញដាក់ទឹកក្តៅតែ២កែវគត់បានហើយ ។
ពណ៌ធម្មជាតិ: ម្សៅពណ៌បៃតងស្ងិកខារ្វ ម្សៅដំឡូងផ្កា១ស្លាបព្រាកន្លះ ទៅ២ស្លាប ព្រាកាហ្វេ

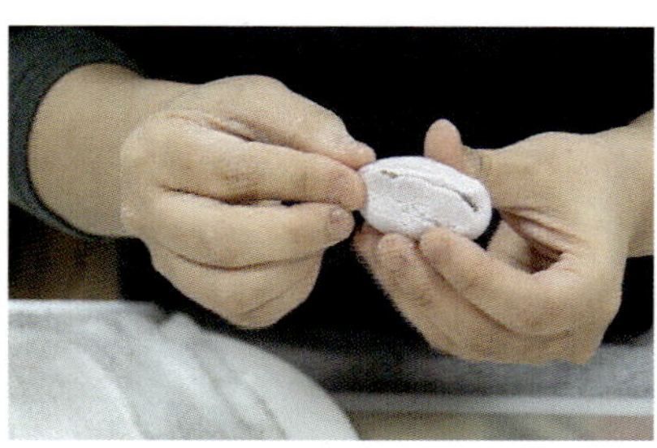

ស្ទួល: យកម្សៅសណ្តែកក្រហមដែលបកសំបករួច១កែវ ទឹកឃ្មុំ១ស្លាបព្រា ក់ហ្វេ អំបិលបន្តិច ល្ង១កែវ ទឹកឃ្មុំ១ស្លាបព្រា ម្សៅឈើក្រអូបបន្តិច
ផ្សេងៗ: ប្រេងល្ង

■ របៀបធ្វើ

1. យកសណ្តែកដែលបកសំបករួច បំបែកគ្រាប់សណ្តែកជាពីរកំណាត់ហើយ ដាក់ត្រាំទឹកមួយយប់ចោល្បរលោងសំអាតអោយស្អាតហើយយកទៅដាក់ចំហុយក្រោយមកយកកពាក់កណ្តាលទៀតទៅសង្កត់អោយម៉ត់ក្រោយមកដាក់ទឹកឃ្មុំអំបិលបន្តិចធ្វើតាមចិត្តរបស់យើងដែលចង់បាន គ្រៀមទុក អោយស្រេចប៉ាច់។

2. យកល្ងទៅបុក ហើយដាក់ទឹកឃ្មុំ ម្សៅឈើក្រអូបនិងអំបិលលាយប្របល់ចូលគ្នា ។

3. ម្សៅអង្ករពាកែរដាក់ពណ៌តាមដែលចិត្តចង់បានហើយយកទៅដែធ្វើជា ម្សៅនំ (ម្សៅនំនេះដាក់ទឹកគួរតាមបរិមាណម្សៅដែលមានធ្វើអោយស មល្មម)

4. យកម្សៅនំ បេះប៉ុនដុំបាយទំហំសមល្មម ហើយមូលជាដុំមូល រួចផ្ទែកកណ្តាល ចុត អោយមានកន្លុក ចាំដាក់ស្ទួលចូល ហើយធ្វើចេញជាម៉ួត ។

5. នៅលើឆ្នាំងចំហុយដាក់ក្រលាក់ក្រាលពីក្រោមនំបាបផោយមានរបៀបល្អហើយ ចំហុយប្រហែលជា២០នាទីក្រោយមកដាក់ដុំប្រហែលជា១០ នាទីទៀត

6. យកនំដែលបានចំហុយ ទៅត្រាំក្នុងទឹកត្រជាក់ ហើយស្រង់ចេញយកទៅ លាប ជាមួយនឹងប្រេងល្ង ចៀសវាងកុំអោយនំជាប់គ្នា។

■ Tip!

■ ប្រសិនជាចង់បាននំមានស្ទួរផ្អែមនោះត្រូវដាក់ស្ករសនិងឃ្មុំថែមទៀតក៏បាន។ នៅជិតពេលរដូវភ្លុំបិណ្ឌយើ៩អាចយកសណ្តែកទៅស្ងោរដាក់អំបិលភ្លក់រសជាតិសមល្មមឆ្អាញ់ហើយ ដាក់ធ្វើជាស្ទួលនំ ធ្វើអោយនំមានរសជាតិឆ្អាញ់បានទៀតផង ។ ម្ងួយវិញទៀត អាចយកផ្ទែកៅឡ្បាក់ទៅស្ងោ ហើយសង្កត់អោយម៉ត់ក្រោយមកដាក់ ទឹកឃ្ម៉ រ៍ដាក់សរសក់បេសើរដែរ ។

■ របៀបធ្វើនំផ្ការនេះក្រោយពីបានញ៉ាត់ស្ទួលចូលម៉ូលអោយម៉ូលហើយសង្កត់មុខ ក្រោយ យកកាំបិតកាត់ ចង្អោរនំអោយស្ទើគ្គា ។ ហើយយកពណ៌ម្សៅនំផ្សេងទៀត យកទៅបិតពីលើនំ ជាការ ស្រេច ។

일품요리

- 잡채 Japchae チャプチェ 八宝菜 MIẾN TRỘN-JAPCHAE ឆាប់ឆេ
- 해물탕 Haemul-tang 海鮮鍋 海味汤 HÀM HẢI SẢN ហាមុលថាង (សំលគ្រឿងសមុទ្រ)
- 갈비찜 Galbi-jjim カルビチム 炖排骨 SƯỜN HÀM-GALLBI-JJIM- កាល់ពីជីម (សំលឆ្អឹងជំនី)
- 불고기 Bulgogi ブルゴギ 烧牛肉 THỊT BÒ XÀO ប៊ុលកូគី (ឆាសាច់គោ)
- 제육볶음 Jeyuk-bokkeum チェユクボクム 炒猪肉 THỊT BA RỌI XÀO ឆាសាច់ជ្រូក
- 닭매운찜 Dak-maeunjjim 鶏のピリ辛煮込み 辣鸡汤 GÀ HÀM CAY ឌាក់មេអុនជីម

잡채

Japchae　チャプチェ　八宝菜
MIẾN TRỘN-JAPCHAE　 chủ ម

잡채

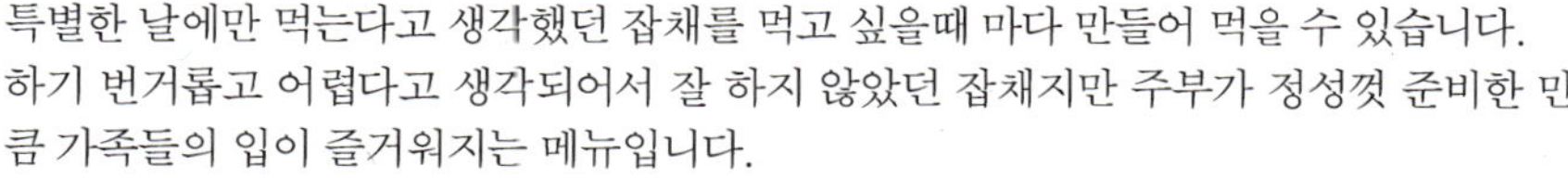

특별한 날에만 먹는다고 생각했던 잡채를 먹고 싶을때 마다 만들어 먹을 수 있습니다. 하기 번거롭고 어렵다고 생각되어서 잘 하지 않았던 잡채지만 주부가 정성껏 준비한 만큼 가족들의 입이 즐거워지는 메뉴입니다.

■ 재료

당면 200g, 쇠고기 100g, 양파 60g, 당근 20g, 표고버섯 50g, 청고추 6g (½개), 홍고추 7g (½개), 피망 80g (1개), 목이버섯 마른것 5g, 시금치 100g

밑간: 다마리간장 7g (½T), 참기름 후추 조금

양념: 간장 20g (1⅓T), 참기름 5g (1T), 설탕 12g (1T), 소금 1.5g (½t), 후추 조금

기타: 참기름 30g (2T), 통깨 7g (1T)

■ 만드는 법

1. 당면은 찬물에 불렸다가 끓는 물에 삶아서 찬물에 헹궈 물기를 뺀다.
2. 쇠고기는 핏물을 빼고 채썬 후 밑간한다.
3. 야채는 같은 길이로 채썰어 놓고 양념은 모두 섞어 놓는다.
4. 목이버섯은 물에 불려 먹기 좋은 크기로 뜯고 시금치는 끓는 물에 살짝 데친 후 찬물에 헹궈 꼭 짠다.
5. 예열된 팬에 당근, 양파, 피망, 청,홍고추를 볶아 꺼내고 고기를 볶다가 버섯을 넣고 볶아 낸다.
6. 당면과 시금치에 양념을 조금 넣고 버무리다가 볶아 놓은 재료를 섞으면서 남은 양념으로 골고루 무친 다음 참기름과 통깨로 마무리한다.

■ Tip!

■ 당면은 고구마 전분으로 만들어진 것으로 찬물에 담가 부드러워지면 끓는 물에 데쳤다가 찬물에 헹궈주면 서로 붙지 않습니다. 데쳐낸 당면은 먹기 좋은 길이로 잘라주세요.

■ 고기는 특유의 누린내가 있기 때문에 종이타월로 핏물을 뺀 다음 조리해야 깔끔합니다. 고기의 결대로 채를 썰어야 고기가 부스러지지 않습니다.

■ 쪼글쪼글하게 마른 목이버섯은 물에 불리면 주름이 퍼지면서 먼지 등이 빠지게 되는데 나무에 붙어 있던 곳은 이물질이 붙어 있을 수 있으니 손질하고 먹기 좋은 크기로 뜯어줍니다. 시금치는 끓는 물에 소금을 조금 넣고 살짝 데쳐낸 후 찬물에 헹궈 열기를 빼고 길면 칼로 잘라줍니다.

■ 재료를 볶으면서 기름이 부족하여 탈 것 같으면 기름을 더 넣지 말고 물을 조금 넣어주면 기름을 많이 먹지 않아도 되므로 좋습니다.

■ 간이 안 되어 있는 당면과 시금치에 양념으로 먼저 간을 해주고 나머지 재료를 한데 섞어 양념으로 무칩니다. 이렇게 하면 자료 모두가 각각 다 간이 맞으면서 맛있어집니다.

Japchae

Japchae decorates feasts and banquets on special occasions, but it can also easily be made at home.
It may be a lot of work to make japchae, but it will surely delight your beloved family members.

■ Ingredients

200g dangmyeon (Chinese noodles), 100g beef, 60g onion, 20g carrot, 50g pyogo (shiitake) mushrooms, ½ green chili pepper (6g), ½ red chili pepper (7g), 1 bell pepper (80g), 5g dried mogi mushrooms, 100g spinach
Marinade sauce: ½ T Damari soy sauce (7g), sesame seed oil, ground black pepper
Sauce: 1 1/3 T soy sauce (20g), 1T sesame seed oil (15g), 1T sugar (12g), 1/2t salt (1.5g), ground black pepper
Others: 2T sesame seed oil (30g), whole sesame seeds

■ How to Make

1. Soak dangmyeon in cold water. Put it in boiling water. Rinse the boiled noodles in cold water and drain them.
2. Remove excess blood from beef and marinate it.
3. Shred vegetables into evenly long sizes. Make the sauce.
4. Soak mogi mushrooms in water and tear them into bite-sized pieces. Parboil spinach lightly in boiling water. Rinse it in cold water and squeeze it to remove excess water.
5. Stir-fry shreds of carrot, onion, bell pepper, and chili peppers in a preheated pan. Remove them from the pan and stir-fry meat. Add mushrooms to the meat while stir-frying it.
6. Dress dangmyeon and spinach with the sauce. Add the stir-fried ingredients and the remaining sauce. Finish with sesame seed oil and whole sesame seeds.

■ Tip!

- Dangmyeon is made of sweet-potato starch. You can soften it by soaking it in cold water for some time. Parboil it in boiling water and rinse it in cold water to prevent its strands from sticking together. Cut parboiled dangmyeon into edible lengths.
- Meat may have an unpleasant smell and taste. Remove the excess blood using paper towel before cooking. Cut meat along its natural texture to prevent it from breaking into pieces.
- You can de-wrinkle and remove dust from wrinkled dried mogi mushrooms by soaking them in water. Remove dirt from the mushrooms and shred them into bite-sized pieces. Parboil spinach in boiling water with a little bit of salt. Rinse it in cold water and remove heat. Cut it into bite-sized pieces.
- While stir-frying the ingredients, if you think there needs to be more oil in order to prevent them from burning, add some water instead of oil. This will reduce the amount of oil you consume.
- Marinate dangmyeon and spinach first. Then add the rest of the ingredients and mix them altogether with the sauce. This will make sure that each ingredient will be tasty.

チャプチェ

特別な日の食べものだと思っていたチャプチェを食べたくなる度に、作って食べられます。
作るのが難しく手が掛かると思ってしまい、ついつい作るのを避けていたチャプチェですが、主婦
が心を込めて準備しただけに、家族の口元が楽しくなるメニューです。

■ 材料

春雨 200g、牛肉 100g、玉ねぎ 60g、ニンジン 20g、シイタケ 50g、青唐辛子 6g (1/2本)、赤唐辛子 7g (1/2本)、
ピーマン 80g (1個)、干しきくらげ 5g、ほうれん草 10Cg
下味: ソイソース醤油 7g (1/2T)、ごま油、胡椒少々
薬味: 醤油 20g(1 1/3T)、ごま油 15g (1T)、砂糖 12g (1T)、塩 1.5g (1/2t)、胡椒少々
その他: ごま油 30g (2T)、ごま

■ 作り方

1. 春雨は冷水にふやかして、お湯でゆで、冷たい水に洗って水気を切る。
2. 牛肉は血の気を取り、千切りにして下味をつける。
3. 野菜は長さをそろえてせん切りにしておき、薬味はすべて混ぜておく。
4. きくらげは水でふやかし、食べやすい大きさにちぎり、ほうれん草はお湯にさっと茹で、冷たい水に洗って水気を切る。
5. 余熱したフライパンにニンジン、玉ねぎ、ピーマン、青唐辛子、赤唐辛子を炒めて出しておく。別に肉を炒めながら、きの
   こを加えて炒める。
6. 春雨とほうれん草に薬味を少々加えて和える。そこに炒めておいた材料を混ぜながら、残りの薬味を加えてよく和え
   る。ごま油とごまで仕上げる。

■ Tip!

■春雨はさつま芋のでん粉で作ったものを選び、冷水に浸して柔らかくなったら、お湯で茹でて冷水で洗うと、麺どうしが
  くっつきません。

  茹でた春雨は食べやすい長さに切ってください。
■肉特有の油臭い匂いがありますので、キッチンペーパーで血の気を取ってから調理するときれいに仕上がります。肉が
  崩れないよう、肉の向きに合わせて切ります。
■乾いた干しきくらげは水に浸してふやかすと、しわが伸びながらほこりなどが取れますが、木に付いていた部分は異物
  が残っている可能性がありますので、丁寧に手入れをし、食べやすい大きさにちぎります。

  ほうれん草はお湯に塩を少し入れてさっと茹でてから、冷水で洗って熱気を取り、長いものは包丁で切ります。
■材料を炒めるとき、油が足りなくて焦げそうになったら、油を加えず、水を少し入れます。そうすると、油の摂取量が増え
  ないのでいいです。
■まず、塩加減をしていない春雨とほうれん草の味を合わせてから、残りの材料を一緒に混ぜて薬味で和えます。こうする
  と、すべての材料のそれぞれの塩加減がうまく調和して美味しくなります。

雜菜

以前八宝菜只是在特别的节日才能吃上，但现在如果想吃的话，随时都可以做出来。八宝菜虽然准备食材等看起来比较繁琐，但是精心准备的菜肴会使全家人的餐桌更加丰盛。

■ 材料

粉条 200g、牛肉 100g、洋葱 60g、胡萝卜 20g、香菇 50g、青椒 6g (1/2个)、红辣椒7g
(1/2个)、柿子椒 80g (1个)、干木耳 5g、菠菜 100g
底料：酱油 7g (1/2T)、芝麻油、胡椒粉少许
调料：酱油 20g (1 1/3T)、芝麻油 15g (1T)、白糖 12g (1T)、盐 1.5g (1/2t)、胡椒粉少许
其他：芝麻油 30g (2T)、芝麻

■ 做法

1. 用凉水泡开粉条后，煮熟，再用凉水冲洗，捞出备料。
2. 去除牛肉血污，切成丝，用底料腌制。
3. 蔬菜都按相等尺寸切丝，调料拌匀。
4. 木耳泡开，并按适当尺寸撕开，菠菜用沸水焯一下，并用凉水冲洗，挤水备料。
5. 把胡萝卜、洋葱、柿子椒、青椒、红辣椒放入预热的不粘锅炒出。牛肉烹炒一会儿，再放入蘑菇继续炒一会儿。
6. 在粉条和菠菜中加入少许调料拌匀，并拌入已经炒好的材料，将剩下的调料也均匀拌入，洒些芝麻油和芝麻即可。

■ Tip!

- 用凉水浸泡地瓜淀粉粉条，待粉条变软后用开水烫出来，再用凉水冲洗即可。然后按适当尺寸剪断，备用。
- 用纸巾去掉肉块的血水按肉块纹路切丝，这样才保证颠炒时，肉丝不断。
- 把干木耳用水泡开，洗净，并按适当尺寸掰开，备用。沸水中放入少量食盐，把菠菜放入沸水烫出，再用凉水冲洗，按适当尺寸切断，备用。
- 颠炒食材时，如果觉得食用油有些不足的话，请放入少量水即可。这样可以控制食用油的过量使用。
- 先用调料调味粉条和菠菜，再放入少量水，一起搅拌。这样可以保证每种食材的调味适度。

MIẾN TRỘN-JAPCHAE

Món miến trộn dùng để trang trí thêm cho các bữa tiệc quan trọng, nhưng lại rất dễ làm ngay tại nhà, có thể mất nhiều công đoạn để chế biến món miến trộn, nhưng đây là món ăn sẽ làm cho các thành viên gia đình hài lòng.

■ Thành phân

200g miến dangmyeon, 100g thịt bò, 60g hành tây, 20g cà rốt, 50g nấm hương, ½ quả ớt xanh (6g), ½ quả ớt đỏ (7g), 1 quả ớt đà lạt, 5g nấm Mogi phơi khô, 100g rau bó xôi.

Gia vị ướp : ½ thìa súp nước tương Damari (7g), dầu mè, tiêu đen.

Nước xốt : 1/3 thìa súp xì dầu (20g), 1 thìa súp dầu mè (15g), 1 thìa súp đường (12g), ½ thìa cà phê muối (1.5g), tiêu đen.

Các thành phần khác : 2 thìa súp mè (30g), vừng nguyên hạt.

■ Cách làm

1. Nhúng miến vào nước lạnh, đun sôi. Rửa sạch miến sau khi đun sôi trong nước lạnh, để ráo.

2. Loại bỏ máu thừa trong thịt bò và ướp bằng gia vị ướp.

3. Cắt rau thành từng khúc dài bằng nhau. Làm nước xốt.

4. Nhúng nấm mogi vào nước và xé nhỏ thành các miếng vừa ăn. Luộc sơ rau bó xôi trong nước sôi, rửa sạch trong nước lạnh và vắt ráo.

5. Xào cà rốt, hành tây, ớt đà lạt và ớt đã được cắt lát trong chảo nóng sẵn. Sau đó múc ra tô, xào thịt, cho thêm nấm vào xào chung.

6. Nêm nếm và cho rau bó xôi vào xào với nước xốt. Cho các thành phần đã xào và phần nước xốt còn lại vào. Cuối cùng cho dầu mè và hạt mè vào.

■ Tip!

■ Dangmyeon được làm từ tinh bột khoai lang. Bạn có thể làm mềm nó bằng cách ngâm vào nước lạnh một lúc. Luộc trong nước sôi và làm sạch trong nước lạnh để các sợi không bị dính vào nhau. Cắt dangmyeon vừa luộc sơ với độ dài thích hợp.

■ Thịt thường có mùi hôi, vì vậy cần loại bỏ huyết tụ bằng khăn giấy trước khi nấu. Cắt thịt theo thớ tự nhiên để thịt không bị nát trong khi nấu.

■ Bạn có thể làm nấm mất đi các nếp nhăn và bụi từ những nếp gấp của nấm mogi bằng cách ngâm chúng trong nước. Rửa sạch và xé chúng thành những miếng vừa ăn. Luộc sơ rau bó xôi trong nước sôi với một chút muối. Nhúng vào nước lạnh để làm nguội rau. Cắt chúng thành những miếng vừa ăn.

■ Trong khi xào nguyên liệu(rau), nếu thấy nguyên liệu có thể bị cháy vì thiếu dầu thì hãy thêm một chút nước thay vì đổ thêm dầu. Điều này sẽ làm giảm bớt lượng dầu bạn phải sử dụng.

■ Ướp dangmyeon và rau bó xôi trước, sau đó thêm phần còn lại của gia vị và trộn lẫn chúng với nước xốt sẽ làm cho món ăn ngon hơn.

ឆាប់ឆេ

ឆាប់ឆេប្រើនៅក្នុងពិធីជប់លៀងរឺពិធីផ្សេងៗក្នុងឱកាសពិសេស បុំន្លែវាគឺជា អាហារដែលងាយធ្វើនៅក្នុងផ្ទះៗ
មានការងារច្រើនក្នុងការធ្វើឆាប់ឆេ បុំន្លែវានឹងធ្វើអោយគ្រួសាររបស់អ្នកស ប្បាយចិត្តៗ

■ គ្រឿងផ្សំ៖

តាងម្យុន(គុយទាវចិន២០០ក្រាម)សាច់គោ១០០ក្រាមខ្ទឹមបារាំង៦០ក្រាម ការ៉ុត២ ០ក្រាមផ្សិតភ្យក្ក៥០ក្រាម ម្ទេសខៀវ ½ផ្លែ (៦ក្រាម) ម្ទេសក្រហ ម ½ផ្លែ (៧ក្រាម) ម្ទេសឈ្មោក ១ផ្លែ (៨០ក្រាម) ផ្សិតម៉ូគីស្គួត ៥ ក្រាម ស្ពៃស្តី ណេជ ១០០ក្រាមៗ
គ្រឿងប្រលាក់សាច់ : ទឹកស៊ីអ៊ីវ ½ស្រាបព្រាកាហ្វេ (៧ក្រាម) ប្រេងល្ង ម្រេ ចម៉ត់ៗ
គ្រឿងផ្សំរសជាតិ:ទឹកស៊ីអ៊ីវ១½ស្រាបព្រាកាហ្វេ(២០ក្រាម)ប្រេងល្ង១ ស្រាបព្រា កាហ្វេ(១៥ក្រាម)ស្ករស១ស្រាបព្រាកាហ្វេ(១២ក្រាម)អំបិល½ស្រាបព្រាកាហ្វេ (១. ៥ក្រាម) ម្រេចម៉ត់ៗ
ផ្សេងៗ: ប្រេងល្ង ២ស្រាបព្រាកាហ្វេ (៣០ក្រាម) ល្ងៗ

■ របៀបធ្វើ

1. ត្រាំតាងម្យុននៅកន្លងទឹកត្រជាក់ៗ ហើយដាក់ក្នុងទឹកកំពុងពុះៗ ដាក់ចូ លក្នុង ទឹកត្រជាក់វិញ រួចថាក់ទឹកចេញៗ

2. យកឈាមចេញពីសាច់គោ ហើយប្រលាក់សាច់គោៗ

3. ហាន់បន្លែអោយមានប្រវែងស្មើៗគ្នាៗ រៀបចំ គ្រឿងផ្សំរសជាតិៗ

4. ត្រាំផ្សិតម៉ូគីនៅក្នុងទឹក ហើយហែកជាបំនែកតូចៗៗស្រះស្ពៃស្តីណេជនៅក្នុងទឹ កកំពុងមួយស្របក់ៗដាក់ស្ពៃស្តីណេជក្នុងទឹកត្រជាក់រួចច់ច្របាច់យកទឹកចេញៗ

5. ឆាការ៉ុតខ្ទឹមបារាំងម្ទេសឈ្មោកនិងម្ទេសដទៃទៀតក្នុងខ្ទះក្តៅៗដួសចេញ ហើយ ឆាសាច់ៗ ដាក់ផ្សិតចូល ពេលកំពុងឆាសាច់ៗ

6. ដាក់គ្រឿងផ្សំរសជាតិចូលតាងម្យុននិងស្ពៃស្តីណេជៗដាក់បន្លែដែលឆារួចចូល និងគ្រឿងផ្សំរសជាតិដែលនៅសល់ចូលៗហើយដាក់ប្រេងល្ងនិង ល្ងចូលជាការស្រេចៗ

■ Tip!

■ តាងម្យុនត្រូវបានធ្វើឡើងដោយម្សៅដំល្ងៗអ្នកអាចធ្វើអោយរាទន់ដោយត្រាំវានៅ ក្នុង ទឹកត្រជាក់មួយស្របក់ៗស្រះនៅក្នុងទឹកពុះហើយត្រាំក្នុងទឹកត្រជាក់បន្ទាប់ពីស្រង់ ចេញដើម្បី កុំអោយរាស្ថិតជាប់គ្នាៗកាត់តាងម្យុនដែលស្រុះរួមអោយខ្លីល្មម សំរាប់ទទួលទានៗ

■ សាច់មានក្លិននិងរសជាតិមិនល្អម្យ៉ាងៗយកឈាមចេញដោយប្រើកន្សែងក្រដាស មុននី ងចំអិនៗហាន់សាច់ទៅតាមស្មាមដែលមានស្រាប់ដើម្បីរៀបសរាងការដាច់ជា បំនែកតូចៗៗ

■ អ្នកអាចធ្វើអោយផ្សិម៉ូគីគ្រាមបាត់ជ្រេញនិងលាងធុលីចេញបានដោយត្រាំវានៅក្នុង ទឹកៗ លាងសំអាតធុលីចេញពីផ្សិតនិងហាន់រាជាដុំតូចល្មមៗស្រះស្ពៃស្តីណេ ជនៅក្នុងទឹកកំពុ ងពុះជាមួយនឹងអំបិលបន្តិចៗត្រាំវានៅក្នុងទឹកត្រជាក់បន្ទាប់ពីស្រង់ចេញៗ ហាន់រាជាដុំតូចល្មមៗ

■ នៅពេលដែលឆាគ្រឿងផ្សំប្រសិនបើអ្នកត្រូវការប្រេងឆាបន្ថែមដើម្បីកុំអោយខ្លោច ដាក់ទី កបន្ថែមជំនួសប្រេងឆាៗនេះអាចកាត់បន្ថយបរិមាណជាតិខ្លាញ់ដែលអ្នក ទទួលទានៗ

■ នៅពេលដែលឆាគ្រឿងផ្សំប្រសិនបើអ្នកត្រូវការប្រេងឆាបន្ថែមដើម្បីកុំអោយខ្លោច ដាក់ទឹកបន្ថែមជំនួសប្រេងឆាៗនេះអាចកាត់បន្ថយបរិមាណជាតិខ្លាញ់ដែលអ្នក ទទួលទានៗ

해물탕

해물탕

갖가지 해물맛이 어우러져 얼큰하면서 국물이 개운하고 시원한 해물탕을 끓여 봅시다.
좋아하는 재료를 골라먹는 재미가 있는 해물탕은 온가족이 둘러앉아 이야기꽃을 피울
수 있는 메뉴입니다.

■ 재료

재료 1 : 꽃게 700g (2마리), 참소라 200g, 미더덕 200g, 느타리 버섯 200g

재료 2 : 중하 120g (4마리), 낙지 200g (2마리), 패주 200g, 모시조개 180g

국물 : 다시마 15g, 마른 홍고추 5g (5개), 물 1000g (5컵), 무 200g

야채 : 대파 60g (2대), 청고추 25g (2개), 홍고추 30g (2개)

양념 : 고춧가루 21g (3T), 다진마늘 30g (3T), 청주 15g (1T), 맑은장국 30g (2T),
소금 조금

■ 만드는 법

1. 해물 종류는 깨끗이 씻은 후 적당한 크기로 썬다.
2. 무: 납작썰기 / 느타리버섯: 굵게 찢는다.
   대파, 청고추, 홍고추: 어슷썰기
3. 양념을 미리 섞어 놓는다.
4. 국물 재료를 쿠커에 넣고 끓으면 다시마는 건져내고 양념과 재료 1을 넣고 뚜껑을 덮어 끓
   인다.
5. 불을 줄여 재료 2와 야채를 넣고 뚜껑을 덮어 한소끔 끓인 후 상에서 끓이면서 먹는다.

Haemul-tang (Seafood Stew)

Haemul-tang, with its abundant amount of seafood and deep-tasting broth, is quite a popular item. Everyone can pick their favorite seafood items. It is a great dish for your beloved family.

■ Ingredients

Ingredients (1): 2 blue crabs (700g), 200g turbos, 200g warty sea squirts, 200g agarics
Ingredients (2): 4 shiba shrimps (120g), 2 octopuses (200g), 200g shellfish, 180g short-necked clams
Stock: 15g kelp, 5 dried red chili peppers (5g), 5 cups water (1000cc), 200g radish
Vegetables: 2 leeks (60g), 2 green chili peppers (25g), 2 red chili peppers (30g)
Seasoning: 3T finely ground dried red chili pepper powder (21g), 3T minced garlic (30g), 1T refined rice wine (15g), 2T soy-sauce stock (30g), salt

■ How to Make

1. Wash all the seafood ingredients thoroughly and cut them into bite-sized pieces.
2. Slice radish and tear agaric mushrooms into thick pieces. Cut leeks and chili peppers into long pieces.
3. Mix the seasoning beforehand.
4. Add all the stock ingredients into a pot and bring them to the boil. Take the kelp out and add all the ingredients in (1). Place the lid on the pot and bring them to the boil.
5. Lower the heat. Add all the ingredients in (2) and the vegetables and bring them to the boil again. Make sure it is served boiling hot.

海鮮鍋

いろんな海鮮の旨みが調和され、ピリ辛ながらもさっぱりとしたスープの海鮮鍋を作ってみます。
好きな材料を選んで食べる面白さのある海鮮鍋は家族みんなでわいわいしながら一緒に食べられるメニューです。

■ 材料

材料1：わたり蟹 700g (2杯)、サザエ 200g、エボヤ 200g、ヒラタケ 200g
材料2：海老(中) 120g (4尾)、タコ 200g (2杯)、貝柱 200g、オキシジミ 180g
だし汁：昆布 15g、干し赤唐辛子 5g (5本)、水1000cc (5カップ)、大根 200g
野菜：長ネギ 60g (2本)、青唐辛子 25g (2本)、赤唐辛子 30g (2本)
薬味：粉唐辛子 21g (3T)、すりおろしにんにく 30g (3T)、清酒 15g (1T)、
　　　澄まし汁 30g (2T)、塩少々

■ 作り方

1. 海鮮物はきれいに洗ってから、適当な大きさに切る。
2. 大根：薄切リ/ヒラタケ：太めにちぎる。
   長ネギ、青唐辛子、赤唐辛子：斜め切リ
3. 予め薬味を混ぜておく。
4. だし汁の材料をクッカーに入れ、沸騰したら昆布は取り出して、薬味と材料1を入れ、蓋をして煮立たせる。
5. 火を弱めて材料2と野菜を入れ、ひと煮立ちした後、テーブルの上のコンロで火にかけながら食べる。

海味汤

让我们来试着做一下各种海味相辅相成、爽口鲜辣的海味汤。
海味汤里食材种类丰富，每个人可根据自己的喜好挑选美味，是一款全家人可以围坐在一起，共同享受幸福时光的美味佳肴。

■ 材料

材料1：梭子蟹 700g (2只)、海螺 200g、海鞘 200g、平菇 200g
材料2：中虾 120g (4只)、章鱼200g (2只)、贝柱 200g、蛤蜊 180g
高汤：昆布 15g、干红辣椒 5g (5个)、水1000cc (5杯)、萝卜 200g
蔬菜：大葱 60g (2根)、青椒 25g (2个)、红辣椒 30g (2个)
调料：辣椒粉 21g (3T)、蒜末 30g (3T)、清酒 15g (1ㄱ)、清淡酱汤 30g (2T)、盐少许

■ 做法

1. 洗净海味食材，并按适当的尺寸切块备料。
2. 萝卜：切薄片/ 平菇：撕开
   大葱、青椒、红辣椒：切成斜丝
3. 调料要事先搅拌后，加入。
4. 把汤料放入汤锅煮开后，捞出昆布，再放入调料和材料1，盖好锅盖煮开。
5. 调小火，放入材料2和蔬菜，再煮一会儿，端上餐桌即可。

HẦM HẢI SẢN

Haemul-tang là món ăn dùng nhiều loại hải sản và nấu trong nước dùng thật đậm đà. Mọi người có thể chọn loại hải sản mình ưa thích, đây là món ăn tuyệt vời cho gia đình thân yêu của bạn.

■ Ingredients

Thành phần (1) : 2 cua xanh (700g), 200 g ốc gai, 200g hải tiêu, 200g nấm Neutari.

Thành phần (2) : 4 con tôm shiba (120g), 2 con bạch tuộc (200g), 200g mực, 180g ngao.

Nguyên liệu : 15g tảo biển, 5 quả ớt đỏ khô (5g), 5 chén nước (1000g), 200g củ cải.

Rau : 2 củ hành tây (60g), 2 quả ớt xanh (25g), 2 quả ớt cay đỏ (30g).

Gia vị : 3 thìa súp bột ớt khô (21g), 3 thìa súp tỏi giã nhỏ (30g), 1 thìa súp rượu gạo (chong-chu) tinh khiết (15g), 2 thìa súp nước sốt tương (30g), muối.

■ Cách làm

1. Rửa sạch nguyên liệu hải sản và cắt thành các miếng nhỏ vừa ăn.

2. Thái củ cải và nấm Nuetari thành các miếng dày. Cắt hành lớn và ớt thành khúc dài.

3. Trộn các nguyên liệu gia vị.

4. Cho các nguyên liệu vào nồi và đun sôi. Lấy tảo biển ra và cho các nguyên liệu (1) vào. Đậy vung lại và tiếp tục đun sôi.

5. Bớt lửa và cho các nguyên liệu ở thành phần (2) và rau và đun sôi tiếp. Nên ăn khi còn nóng.

ហេមុលថាង

ហេមុលថាងជាមួយនឹងគ្រឿងសមុទ្រជាច្រើននិងទឹកស៊ុបដែលមានរសជាតិគឺជាអាហារមួយកំពុងពេញ និយម។តែអាចជ្រើសរើសគ្រឿងសមុទ្រដែលគេចូលចិត្ត។ វាគឺជាអាហារដ៏ឆ្ងាញ់សំរាប់គ្រួសាររបស់អ្នក។

■ គ្រឿងផ្សំ៖

ក្តាម ២ (៧០០ក្រាម) នាមស្លាប (២០០ក្រាម) មិតតុក (២០០ក្រាម) ផ្សិតត្រ ចៀកកណ្តុរ (២០០ក្រាម)។
គ្រឿងផ្សំ(២)៖ បង្កា១២០ក្រាម(៤ក្បាល)មឹក ២០០ក្រាម (២ក្បាល) គ្រំ ២ ០០ក្រាម លៀស ១៨០ក្រាម។
ទឹកស៊ុប៖ សាឡាយសមុទ្រ១៥ក្រាមម្ទេសក្រៀម៥(៥ក្រាម)ទឹក៥កែវ (១០០ ០ក្រាម) ខ្ទៃថ្ម ២០០ក្រាម។
បន្លែ៖ ស្ពីកខ្មី ២ដើម (៦០ក្រាម) ម្ទេសខៀវ ២ (២៥ក្រាម) ម្ទេសក្រហម២ (៣០ក្រាម)។
គ្រឿងផ្សំរសជាតិ៖ ម្យៅម្ទេសពស្រាបព្រាកាហ្វេ (២១ក្រាម) ខ្ទីមចិញ្ច្រាំ ៣ ស្រាបព្រាកាហ្វេ (៣០ក្រាម) ស្រាអង្ករ ១ស្រាបព្រាកាហ្វេ (១៥ក្រាម) ទឹកស៊ី អ៊ីវ ២ស្រាបព្រាកាហ្វេ (៣០ក្រាម) អំបិល។

■ របៀបធ្វើ

1. លាងគ្រឿងសមុទ្រអោយស្អាត ហើយហាន់ជាចំនិតៗ។

2. ចិតនៃថារ ហើយហាកផ្សិតត្រចៀកកណ្តុរជាបំនែកៗ។ ហាន់ស្ពីកខ្មី និង ម្ទេសខៀវជាវែងៗ។

3. លាយគ្រឿងផ្សំជាមុន។

4. ដាក់គ្រឿងផ្សំរសជាតិសំរាប់ទឹកស៊ុបទាំងអស់ចូលក្នុងឆ្នាំងរួចដាំអោយពុះ។ ដួសយកសាឡាយសមុទ្រចេញ ហើយដាក់គ្រឿងផ្សំលេខ (១)ចូល។ បិទគំ រប ហើយរង់ចាំដល់ពុះ។

5. បន្ថយភ្លើងៗ។ ដាក់គ្រឿងផ្សំលេខ (២) និង បន្លែចូល ហើយទុកអោយពុះ មួងទៀតៗ។ សំលនេះ ត្រូវតែក្តៅ ហើយពុះនៅពេលដែលទទួលទាន។

갈비찜

Galbi-jjim　カルビチム　炖排骨
SƯỜN HẦM-GALLBI-JJIM-
កាល់ពីជីម

갈비찜

반가요리의 대가 김숙련 선생님의 정통 갈비찜을 배울 수 있는 메뉴입니다.
씹었을 때 갈비가 무르게 익어야 찜이 잘된 것입니다.
한식상차림에 빠질 수 없는 데뉴입니다.

■ 재료

쇠갈비 600g, 물 600cc (3컵), 무 400g, 마른표고 20g, 은행 18g (10개), 대추 40g
(10개), 밤 200g (8개), 계란 50g (1개), 통잣 10g (1T), 마른홍고추 2g (2개)

양념장: 간장 75g (5T), 설탕 36g (3T), 다진파 20g (2T), 다진마늘 10g (1T),
배즙 60g (4T), 후추 3g (1t), 참기름 15g (1T), 깨소금 10g (1T)

■ Tip!

쇠갈비: 찜용 갈비를 구입하는데, 살에 마블링이 되어 있는 것이 부드럽고 맛있습니다.
마른 표고버섯: 너무 크지 않고 적당해야 하며 크기가 일정한 것을 사용합니다.
마른 홍고추: 칼칼한 맛을 더해즈는 마른 홍고추는 가을걷이 할 때 구입해서 손질한 다음 냉동
보관해서 필요 할 때마다 사용합ㄴ다.

■ 만드는 법

1. 갈비는 기름을 떼고 찬물에 담가 핏물을 뺀다.
2. 쿠커에 물 3컵을 넣고 끓으면 갈비를 슬쩍 익혀낸 다음 꺼내서 고기의 두꺼운 부분에 +
   (십자)로 칼집을 넣고 육수는 기름을 깨끗이 걷어낸다.

3. 무는 밤알 크기로 썰어 가장자리를 다듬고 표고는 미지근한 물에 불려 기둥을 떼어내고 큼
   직하게 썬다.
4. 양념장을 준비해 양념장의 ½게 갈비와 무를 30분 정도 재워 둔다.
5. 밤과 은행은 껍질을 벗기고 대추는 돌려 깎아 반으로 자른다.
6. 계란은 황·백으로 지단을 부쳐 골패형으로 썬다.
7. 마른 홍고추는 1cm 길이로 썰어 씨를 뺀다.
8. 쿠커에 갈비, 무, 표고, 밤을 넣고 가장자리로 육수 1컵을 부어 뭉근하게 끓여 준 다음 다
   시 육수 ½컵을 붓고 끓인다.
9. 마른 홍고추와 나머지 양념장을 넣고 양념이 고루 배도록 위아래로 섞어서 끓여준 후 양념
   장을 끼얹어 가며 윤기 나게 조린다.
10. 대추와 은행을 넣고 국물이 자작해지면 그릇에 담고 지단과 통잣을 올려 낸다.

■ Tip!

■ 핏물을 빼는 중간에 물을 갈아주면 더욱 깨끗합니다.
■ 한번 익혀낸 갈비는 익는 시간이 단축될 뿐 아니라 양념에 재우기에도 적당합니다.
   육수는 거름종이에 깨끗하게 걸러야 음식이 깨끗하게 됩니다.

■ 무의 가장자리를 다듬어 주면 뒤적일때 부서지지 않으며 모양도 예뻐져요.

■ 양념장의 설탕을 완전히 녹인 후 재워주세요. 갈비와 무의 속까지 양념이 배서 더욱 맛있어요. 고기가 재워지는 동안 다른 재료를 손질합니다.

■ 대추는 말리면서 주름 사이에 먼지가 많이 들어갑니다. 끓는 물에 넣었다가 건져서 물기를 닦아내면 깨끗해집니다. 은행 또한 끓는 물에 넣고 스키머를 이용해 껍질을 벗기면 잘 벗겨집니다.

■ 팬에 기름을 두르고 종이타월로 닦아냅니다. 먼저 황색 지단을 부친 후 백색 지단을 부쳐주세요. 계란노른자에 기름기가 있어 잘 달라붙지 않는답니다. 노른자로 팬에 질을낸 후 흰자를 부칩니다.

■ 자칫 느끼하고 달달할 수 있는 갈비찜에 칼칼한 맛을 내주는 재료로 매운맛을 좋아한다면 청양고추를 넣어주면 좋습니다.

■ 육수를 붓고 나중에 다시 육수를 붓는 이유는 한번에 넣으면 끓는 시간이 오래 걸려 고기가 질겨지기 때문이며 조리 시간을 줄이면서 갈비의 제맛을 살리기 위해서입니다.

■ 갈비살이 뼈에서 쉽게 빠질때까지 약불에서 충분히 조려주세요.

Galbi-jjim (Rib Stew)

This is the much praised recipe of galbi-jjim by Kim Suk-nyeon, a master of the high Korean cuisine.
The cooked meat must taste tender and almost melt on the palate when you chew it.
Galbi-jjim appears in almost all formal Korean-styled suppers.

■ Ingredients

600g beef short ribs, 3 cups water, 400g radish, 20g dried pyogo (shiitake) mushrooms, 10 gingko nuts, 10 Chinese dates, 8 chestnuts, 1 egg, 1T whole pine nuts, 2 dried red chili peppers
Sauce: 5T soy sauce, 3T sugar, 2T chopped green onions, 1T minced garlic, 4T pear juice, 1t ground black pepper, 1T sesame seed oil, 1⁻ salted sesame powder

■ Tip!

Short ribs: Get ribs for 'beef stew.' Pick well—marbled ones that remain tender even after cooked.
Dried pyogo (shiitake) mushrooms: should not be too big in size. They must be evenly sized.
Dried red chili peppers: Red chili peppers add a distinctive spicy flavor to the dish. Buy dried ones in the autumn and keep them in the freezer.

■ How to Make

1. Remove excess fat from the short ribs. Leave it in cold water for some time to remove the blood.
2. Boil 3 cups of water in a pot. When it comes to the boil, put the ribs in the water and cook it lightly. Poke the thickest parts of the ribs with a knife. Remove fat and the top foam from the broth.
3. Cut the radish into pieces the same size as chest nuts. Soak pyogo mushrooms in lukewarm water for some time. Remove stems from mushrooms and cut it into bite—sized pieces.
4. Prepare the sauce. Use half the sauce to marinate the ribs and radish for 30 minutes or so.
5. Peel chestnuts and gingko nuts. Remove seeds from Chinese dates and cut each in half.
6. Make egg 'jidan': Separate the white and the yolk. Add vegetable oil to a preheated pan on a low heat. Spread the white over the bottom of the pan and cook it until it becomes solid. Make sure it does not get burnt. Repeat the same process for the yolk. Cut these "egg papers" ('jidan') into diamond shapes.
7. Remove seeds from dried red chili peppers and cut them into 1cm—long pieces.
8. Put the ribs, radish, pyogo mushrooms, and chestnuts into a pot. Pour 1 cup of broth along the rim of the pot. Boil them for some time. Add ½ cup of broth and bring them to a boil again.
9. Add the remaining sauce and dried red chili peppers. Stir the ingredients occasionally so that all of them are evenly sauced. Let them simmer until they become glazed.
10. Add dates and gingko nuts and boil them further until the sauce becomes thick. Garnish with egg 'jidan' and whole pine nuts.

■ **Tip!**

- Change water once while removing blood from the meat.
- Fry the ribs once. This will shorten the cooking time and make it easier to marinate them. Filter the broth through filtering paper.
- Cut out the rim of the radish pieces. This will make it easier to keep the shapes of the pieces intact while stirring them with other ingredients.
- Make sure the sugar in the marinade is completely dissolved. This will marinate the ribs and radishes better. Prepare other ingredients while marinating the meat
- Dried dates often have a lot of dust on their wrinkled surfaces. Put them in boiling water. Take them out and wipe off the water to clean them. Put the gingko nuts in boiling water and use a skimmer to skin them.
- Put vegetable oil in a pan and remove it with a paper towel. Make a thin egg layer using the yolks first. Then make another layer using the white. The oil from the yolks will prevent the white from sticking to the pan. Make the layer with the yolks first before making a layer of the white.
- Galbi-jjim might taste too oily and sugary. If you want to spice it up a little, add pieces of Cheongyang chili pepper.
- The reason you add the broth in two parts is because cooking all the broth at once will lengthen the cooking time and make the meat tough. Dividing the broth in two parts shortens the cooking time and keeps the meat tender.
- Cook the ingredients on a low heat for a long time, until the meat is easily removed from the bones.

カルビチム

班家料理の大家、キム・スクリョン先生の正統カルビチムを習えるメニューです。
噛んだとき、カルビが柔らかく煮込まれているものが出来のいいものです。
韓食のお膳には欠かせないメニューです。

■ 材料

牛かルビ 600g、水 3 カップ、大根 400g、干しシイタケ 20g、ぎんなん 10個、なつめ 10個、栗 8個、卵1個、松の実
1T、干し赤唐辛子 2本
薬味タレ：醤油 5T、砂糖 3T、ネギのみじん切り 2T、すりおろしにんにく 1T、梨汁 4T、胡椒 1t、ごま油 1T、
　　　　　ごま塩1T

■ Tip!

牛かルビ：肉は煮込み用のカルビを購入し、マーブリングの入っているものが柔らかくて美味しいです。
干しシイタケ：大きすぎず適当なもので、大きさが揃っているものを使います
干し赤唐辛子：ピリッと辛味を増してくれる干し赤唐辛子は、秋の収穫時に購入して下ごしらえをしてから、冷凍保管し
ておき、必要な時に使用します。

■ 作り方

1．カルビは脂肪を切り取り、冷たい水に浸けて血の気を取る。
2．クッカーに水3カップを入れ、沸騰してきたら、カルビにかるく火が通ったら、カルビを取り出して肉の厚い部分に＋印
　　の切れ目を入れる。肉のだし汁は油をきれいに取り払う。
3．大根は一口大に切って面取りをし、シイタケはぬるま湯でふやかし、軸を取り除いて大きめに切る。
4．薬味ソースを準備し、薬味ソースの1/2分量にカルビと大根を30分くらい浸けておく。
　　栗とぎんなんは皮を剥き、なつめは2等分にする。
　　なつめは干していた時にしわの間にほこりがたくさん溜まります。
　　熱湯に入れてから、取り出して水気を拭き取ると、きれいになります。
　　ぎんなんも熱湯に入れ、スキマーを使って皮を剥けば、よく取れます。
5．栗とぎんなんは皮を剥き、なつめは2等分に切る。
6．干し赤唐辛子は種を取り除いてから1cm長さに切る。
7．干し赤唐辛子は1cmの長さに切ってから、種を取り除く。
8．クッカーにカルビ、大根、シイタケ、栗を入れて、外側から肉のだし汁1カップを加え、弱火で煮込んでから、残った肉の
　　だし汁1/2カップを加えてさらに煮込む。
9．なつめとぎんなんを入れ、汁が少なくなってくると錦糸卵と松の実をのせる。
10．なつめとぎんなんを入れ、汁が少なくなってくると、器に盛り付けて錦糸卵と松の実をのせる。

■ 血の気を取るときに、水を取り替えるといっそうきれいになります。

■ カルビに一度火を通すと、調理時間が短縮できるだけではなく、薬味ソースに浸けるにも良い状態になります。料理をきれいに仕上げるためには、ペーパーフィルターなどを使って肉のだし汁をきれいに取り払います。

■ 大根は面取りをすると、煮崩れしにくくなるし、形も良くなります。

■ 薬味ソースの砂糖を完全に溶かしてから漬けてください。カルビと大根の中まで味が染み込んでいっそう美味しくなります。肉を漬けておく間、他の材料の手入れをします。

■ なつめは干していた時にしわの間にほこりがたくさん溜まります。
　熱湯に入れてから、取り出して水気を拭き取ると、きれいになります。
　ぎんなんも熱湯に入れ、スキマーを使って皮を剥けば、よく取れます。

■ クレープパンに油を引き、キッチンペーパーで拭き取ります。
　先に黄色い錦糸卵を焼いてから、白い錦糸卵を焼いてください。
　卵の黄身には油気があって焦げ付きにくいですよ。
　黄身でフライパンの状態をよくしてから、白身を焼きます。

■ 下手すると、油濃くて甘すぎるカルビチムに、ほどよいピリ辛のアクセントをつける材料として、辛いのが好きならば青陽唐辛子を加えるといいです。

■ 肉のだし汁を入れて、後から再び肉のだしを加える理由は、一度に入れてしまうと、煮立つまでの時間が長くなり、肉が堅くなるからです。調理時間を短くすると同時に、カルビ本来の味を引き立てるためです。

■ カルビの肉が骨から取れやすくなるまで、弱火でじっくり煮込んでください。

炖排骨

这是传统贵族料理烹饪大师金淑莲先生所传授的正宗炖排骨料理。
炖排骨应肉质熟透才行。
是韩国正统料理中不可缺少一道佳肴。

■ 材料

牛排600g、水3杯、萝卜400g、干香菇20g、白果10个、大枣10个、栗子8个、鸡蛋1个、松子1T、干红辣椒2个
汤料汁：酱油5T、白糖3T、小葱段2T、蒜末1T、梨汁4T、胡椒粉1t、芝麻油 1T、芝麻盐1T

■ Tip!

牛排：挑选炖烧专用排骨，有条纹状的排骨才是肉质柔嫩而味美的排骨。

干香菇：不要太大，大小要均匀。

干红辣椒：增加辣味的干红辣椒最好在秋收时购买，并收拾干净后放入冰箱保管。

■ 做法

1．排骨洗净，并放入凉水中，去除血污。
2．炊具中倒入3杯水煮开后放入排骨轻微焯一下，捞出排骨，用菜刀在肉质较厚部分切出十字，去除浮在肉汤上的油污。
3．萝卜切成栗子大小，香菇则用温水泡开后，去掉根部，切成块状。
4．用1/2的调料汁腌制排骨和萝卜约30分钟。
5．栗子和白果要去除果皮，而大枣切成一半。
6．鸡蛋蛋清与蛋黄分别煎好，并切成条状。
7．干红辣椒切成1cm大小，并去掉辣椒籽。
8．把排骨、萝卜、香菇、栗子放入炊具，并倒入1杯高汤煮熟，然后再倒入1/2杯高汤再煮一会儿。
9．放入干红辣椒和剩下的调料汁搅拌均匀，并收汁。
10．放入大枣和白果，收汁后盛入盘中，并洒入鸡蛋丝和松子即可。

■ Tip

- 去除血水时，再换一次水，这样会更干净。
- 排骨先炸出来，这样不仅会缩短煮熟时间，而且适合调味汤水要用过滤纸滤净。
- 萝卜切成块状，颠炒时要注意保持外观。
- 调味酱中的白糖完全融化后，再进行腌制。
  调味酱要渗透到萝卜和排骨的内部，味道会更鲜美。
  在用调味酱腌制排骨的时间里准备其他食材。
- 大枣在晾晒过程中在表皮皱纹之间会沾上很多灰尘。
  把大枣放入沸水中浸泡一小会儿，再捞出，控水。
  银杏放入沸水，用削皮机削皮。

■将少量食用油放入不粘锅，再用纸巾擦拭。

　先煎蛋黄，再煎蛋清。

　蛋黄中含有油分，因此不会粘锅。

　先煎蛋黄后，再煎蛋清。

■炖排骨会有一些油腻和甜味，如果您喜欢辣味的话，就请放入适量青阳椒。

■先倒入适量汤水炖煮一定时间后，再放入适量汤水，继续炖煮。这是因为一次性地倒入过
　多的汤水的话，会延长烹饪时间，这样会导致肉质发硬，影响料理味道。

■用小火充分炖煮，直至肉和骨头容易分离。

SƯỜN HẦM -JJIM-

Đây là công thức làm món sườn bò hầm được khen ngợi của Kim-Suk-nyeon, một thạc sĩ về ẩm thực hàn quốc. Thịt được nấu phải mềm và nhừ. Món sườn này có mặt hầu hết trong các bữa ăn tối trịnh trọng của Hàn quốc.

■ Thành phân

600g thịt sườn bò, 3 chén nước, 400g củ cải, 20g nấm pyogo, 10 hạt bạch quả, 10 quả táo tàu, 8 hạt dẻ, 1 quả trứng, 1 thì súp hạt thông, 2 quả ớt khô.

Nước xốt : 5 thìa súp nước tương, 3 thìa súp đường, 2 thìa súp hành lá cắt nhỏ, 1 thìa súp tỏi bằm, 4 thìa súp nước cốt quả lê, 1 thìa cà phê tiêu, 1 thìa súp dầu mè, 1 thìa súp muối mè.

■ Tip

nên dùng sườn gallbi để làm món này, chọn miếng có thịt lẫn mỡ trông giống như vân trên đá hoa cương.

Nấm pyogo không nên chọn loại quá to, kích cỡ nấm phải đồng đều, ớt khô làm hương vị cay thêm đặc biệt, mua những quả ớt khô từ mùa thu và bảo quản đông lạnh để dùng lâu dài.

■ Cách làm

1. Lạng bớt mỡ thừa ra khỏi sườn. Để sườn trong nước lạnh một lúc để loại bỏ bớt máu.

2. Đun sườn bằng 3 chén nước, lấy dao chọc vào các phần dày nhất loại bỏ váng mỡ và bọt trên mặt súp.

3. Cắt củ cải thành miếng cùng kích cỡ với hạt dẻ, ngâm nấm pyogo trong nước ấm một lúc, bỏ phần cọng của nấm và cắt thành miếng vừa ăn.

4. Chuẩn bị nước xốt. Dùng một nửa nước xốt để ướp sườn và củ cải trong 30 phút hoặc lâu hơn.

5. Bóc vỏ hạt dẻ và bạch quả, bỏ hạt quả táo tàu và cắt đôi.

6. Làm trứng trang trí: tách lòng trắng và lòng đỏ, tráng lòng trắng trứng thật mỏng bằng lửa nhỏ, sau đó tráng lòng đỏ, cắt những miếng trứng này thành hình khối lập phương (hình vẽ).

7. Tách hột khỏi trái ớt khô và cắt miếng 1cm.

8. Đổ sườn, củ cải, nấm pyogo và hạt dẻ và một chén nước dùng và đun nhỏ lửa, sau đổ thêm ½ chén nước dùng và lại nấu sôi lần nữa.

9. Cho phần nước xốt còn lại và ớt khô vào, thỉnh thoảng đảo lên, đun nhỏ lửa cho đến khi sánh lại, thêm táo tàu, bạch quả và lại đun cho đến khi nước xốt đặc lại. Trang trí bằng trứng và hạt thông.

■ Loại bỏ nước ngâm sườn lần đầu.

■ Rán sơ sườn, việc này sẽ giúp bạn rút ngắn thời gian nấu ăn và làm chúng dễ ngấm hơn, lọc nước sườn qua giấy lọc.

■ Nên cắt củ cải đều nhau.

■ Đường phải hoàn toàn hòa tan trong lúc ướp, như vậy thì sườn và củ cải được thấm hơn.

■ Quả táo tàu khô thường có nhiều bụi, vì vậy nên thả chúng vào nước sôi, sau đó vớt ra.

■ Thả bạch quả vào nước sôi, và dùng thìa hớt bọt để hớt bỏ phần vỏ.

■ Rán trứng: cho dầu ăn vào chảo, sau đó dùng giấy thấm bớt phần dầu, tráng lòng đỏ trứng trước, rồi tráng lòng trắng vì dầu từ lòng đỏ sẽ giúp lòng trắng không bị dính chảo.

■ Món gallbi cho bạn cảm giác có nhiều vị ngọt và béo, vì vậy nếu bạn muốn món ăn này đậm đà hơn, nên cho thêm ớt cheongyang.

■ Bạn nên chia nước dùng thành 2 phần, vì nếu nấu tất cả nước dùng thì thời gian nấu sẽ lâu hơn và thịt không được mềm

■ Đun bằng lửa nhỏ để thịt mềm và dễ thấm gia vị (thịt phải nhừ và tróc khỏi xương).

កាល់ពីជើម

នេះគឺជាអាហារដែលទទួលបានការសរសើរពីអ្នកជំនាញម្ហូបក្សត្រីមស៊ុនន្យនក្នុងចំនោមរបបមនុកាល់ពីជើម។ សាច់ដែលចំអិនហើយត្រូវតែជុយ ហើយអាចនឹងលាយនៅពេលដែលអ្នក ចាប់ផ្ដើមទំ៧៣។ កាល់ពីជើម យើញមាននៅស្ងើរតែគ្រប់អាហារពេលល្ងាចបែបបផ្ដូវការ។

■ គ្រឿងផ្សំ

ឆ្អឹងជំនីគោ ៦០០ក្រាម ថៃថារ ៤០០ក្រាម ផ្សិតកណ្ដុរស្ងួត ២០ក្រាម គ្រាប់អី នហោង ១០គ្រាប់ ពុទ្រា ចិន គ្រាប់ គ្រាប់ស្វាយចន្ទទី ៨គ្រាប់ ពងមាន់ ១ គ្រា ប់ស្រល់ ៣ស្រាបព្រាកាហ្វ ម្សេសក្រៀម ២

គ្រឿងផ្សំរសជាតិ៖ ទឹកស៊ីអ៊ុវៃស្រាបព្រាកាហ្វ ស្ករស ៣ស្រាបព្រាកាហ្វ ស្លឹកខ្ទឹម ២ស្រាបព្រាកាហ្វ ខ្ទឹមបុក១ស្រាបព្រាកាហ្វ ទឹកថ្លៃសារ៤ស្រាបព្រាកាហ្វ ម្រេចម៉ត់១ស្រាបព្រាកាហ្វ ប្រេងល្ង១ស្រាបព្រា កាហ្វ ម្ស៉ៅល្ង ប្រៃ ១ស្រាបព្រាកាហ្វ។

■ Tip!

ឆ្អឹងជំនី៖ យកឆ្អឹងជំនីសំរាប់ស៊ុបគោៗយកឆ្អឹងណាដែលជុយល្អនៅពេលដែលចំអិន ហើយៗ

ផ្សិតកណ្ដុរ៖ មិនត្រូវធំពេកទេៗ ហើយត្រូវមានទំហំប៉ុន១គ្នាៗ

ម្ស៉េសក្រហាមៈរាប់ថ្លៃមរសជាតិហឹម្ស៉ាងទៅក្នុងអាហារៗទិញម្ស៉េសស្ងួតនៅវុវធ្វផ្សាវែក ហើយទុកនៅក្នុង ទូទឹកកក។

■ របៀបធ្វើ

1. យកខ្លាញ់ចេញពីឆ្អឹងជំនីគោៗ ត្រាំក្នុងទឹកក្រជាក់មយយស្របក់ដើម្បីយ កលាមចេញ។

2. ដាំទឹកពាករក្នុងឆ្នាំងៗដាក់ឆ្អឹងជំនីចូលនៅពេលដែលទឹកពុះៗយកកាំបិតចាក់ចូលក្នុងផ្នែកដែលក្រា ស់ ជាងគេនៃឆ្អឹងជំនីៗ

3. ហាន់ថៃថារអោយមានទំហំប៉ុនគ្រាប់ស្វាយចន្ទទីៗត្រាំផ្សិតកណ្ដុរនៅក្នុងទឹកក្ដៅឧណ្ណៗ យកទង ផ្សិត ចេញ ហើយហាន់រាចំនិតតូចៗ។

4. រៀបចំគ្រឿងផ្សំរសជាតិៗប្រើពាក់កណ្ដាលសំរាប់ប្រលាក់ឆ្អឹងជំនី និង ថៃ ថាររយៈពេល ៣០នាទីៗ

5. បកសំបកគ្រាប់ស្វាយចន្ទទី និង គ្រាប់អីនហោងៗ យកគ្រាប់ចេញពីពុទ្រា ចិន រួចពុះជាពីរៗ

6. រៀបចំថៀនពងមាន់ៗបែងចែកពងសនិងពងក្រហមាៗដាក់ប្រេងនាៅក្នុងខ្ទះក្ដៅ ដោយប្រើភ្លើងតិ ចៗៗចាក់ពងសចូលក្នុងខ្ទះហើយចាំហ្គុតដល់វឹងៗ ត្រូវប្រយ័ត្ខុំអោយខ្លោចៗ ហើយធ្វើដូចគ្នាចំ ពោះ ពងលឿងៗ ហើយហាន់ពងមាន់ដែលថៀនហើយនោះជារាងគ្រាប់ពេជ្រៗ

7. យកគ្រាប់ចេញពីម្ស៉េសក្រៀម ហើយហាន់រាអោយទៅជាប្រហែល ១សមៗ

■ ដួសទឹកចេញភ្លាមនៅពេលលាងសាច់អោយអស់ឈាម។

■ ឆាសាច់ឆ្អឹងជំនិៗ នេះធ្វើអោយចំនេញពេលវេលានិង ងាយចូលជាតិៗ ក្រុងទឹកស៊ុ បដោ យប្រើក្រងាសកន្ត្រង។

■ កាត់តែមនៃឆៃថាវចេញៗ នេះធ្វើអោយងាយស្រួលក្នុងការរក្សាទំរង់ដើមនៅពេល ដែល លាយជាមួយគ្រឿងផ្សំ ផ្សេងទៀតៗ

■ ត្រូវធ្វើអោយស្ករដែលនៅក្នុងគ្រឿងផ្សំរសជាតិលាយបានល្អៗ វាធ្វើអោយឆ្អឹងជំនិនិងឆៃ ថាវចូលជាតិបានល្អៗរៀបចំគ្រឿងផ្សំផ្សេងទៀតនៅពេលដែលទុកអោយ សាច់ចូលជាតិៗ

■ ផ្លែល្វីស្តតែងមានធូលីនៅលើសំបកដ៏ជ្រៅជ្រួញរបស់វាៗ ដាក់វាក្នុងទឹកកំពុងពុះៗស្រង់ចេ ញនិង ដួសទឹកចេញជើ ម្ប៉ុលាងអោយស្អាតៗ ដាក់គ្រាប់គីងកូនៅក្នុងទឹកកំពុង ពុះ ហើយ ប្រើវែកដើម្ប៉ីកូរវាៗ

■ ដាក់ប្រេងឆាចូលទៅក្នុងខ្ទះក្តៅ ហើយយកកន្សែងក្រដាសជូតចេញៗ ធ្វើជាបន្លែៗ ងមា ន់ដោយប្រើផ្នែកសៀង នៃស្តៗ ហើយធ្វើជាបន្លែៗងមាន់ដោយប្រើផ្នែកសនៃស្តៗ ខ្លា ញ់ដែលបានមកពីផ្នែកសៀងនៃស្តុប នឹងធ្វើ អោយផ្នែកសនៃស្តុតមិនជាប់ ខ្ទះៗ ត្រូវ ចំអិនផ្នែកសៀងមុន មុននឹងចំអិនផ្នែកសនៃស្តៗ

■ កាល់ប៉ីដឹមអាចមានរសជាតិខ្លាញ់ជ្រុលនិងផ្នែមជ្រុលៗ បើអ្នកចង់អោយវាហើរបន្តិចត្រូវ ដាក់ម្សៅសុងយ៉ាងចូល បន្តិចៗ

■ ហេតុផលដែលអ្នកដាក់ទឹកស៊ុបជា ២ដង ដោយសារការដាក់ទឹកស៊ុបចូលតែម្តង អាច ធ្វើអោយខាតពេល និង ធ្វើអោយសាច់ស្វិតៗ ការដាក់ទឹកស៊ុបចូលជា ២ដង ធ្វើអោយ ចំនេញពេល និង សាច់ទន់ល្អៗ

■ ស្មៅគ្រឿងផ្សំនៅលើភ្លើងតិចៗរយៈពេលយូរ ហូតដល់អាចហ្គត់ឆ្អឹងចេញពីសាច់ បាន យ៉ាងងាយៗ

불고기

Bulgogi　ブルゴギ　烤牛肉
THỊT BÒ XÀO　ប៊ុលកូគី

불고기

한국 사람이라면 누구나 좋아하는 별미인 불고기를 맛있게 만들어 봅시다.
밑간에 재워 고기를 부드럽게 한 후 갖은 양념으로 무쳐 볶아낸 불고기는 밥 한 그릇 뚝딱
비우기에 좋은 메뉴입니다.

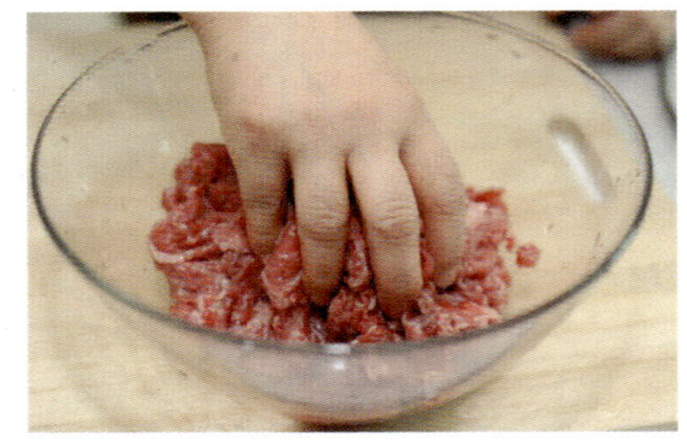

■ 재료

쇠고기(불고기감) 600g, 느타리버섯 100g, 양파 200g, 쪽파 30g
밑간: 설탕 12g (1T), 청주 30g (2T), 배즙 30g (2T)
양념: 간장 60g (4T), 설탕 24g (2T), 다진마늘 10g (1T), 다진파(흰부분) 20g,
깨소금 7g (1T), 후추 조금 참기름 15g (1T)

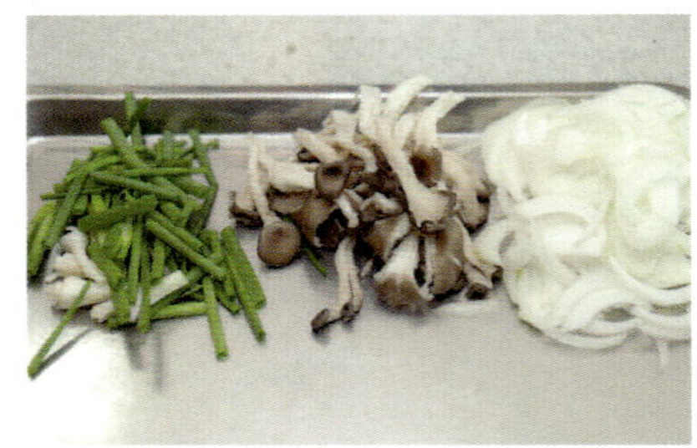

■ 만드는 법

1. 쇠고기: 종이타월에 말아서 핏물을 제거한 후 10분간 밑간한다.
   느타리버섯: 먹기 좋은 크기로 찢는다 / 양파: 채썬다 / 쪽파: 3~4cm 길이로
   자른다.
2. 밑간한 고기에 양념을 넣고 잘 섞은 후 참기름을 넣고 섞은 다음 준비한 야채를
   넣고 30분 정도 재운다.
3. 충분히 예열한 팬에 재운 고기를 넣고 잘 풀어가면서 볶아낸다.

■ Tip!

■ 고기는 핏물을 빼고 조리해야 고기 특유의 누린내가 나지 않습니다.

Bulgogi (Stir-fried Beef)

Make delectable bulgogi, a beloved dish of all Koreans, according to this recipe.
Pre-seasoning softens the meat and the sauce and makes it even more delicious. It is one of the most popular dishes in Korean cuisine.

■ Ingredients

600g beef (for stir-fry), 100g agarics, 200g onicn, 30g green onions
Seasoning: 1T sugar (12g), 2T refined rice wine (30g), 2T pear juice (30g)
Sauce: 4T soy sauce (60g), 2T sugar (24g), 1T minced garlic (10g), 20g chopped green onions (the white parts only), 1T salted sesame powder (7g) ground black pepper, 1T sesame seed oil (15g)

■ How to Make

1. Remove excess blood from beef using a paper towel. Season it and leave it for 10 minutes. Tear agarics into bite-sized pieces. Chop onion and green onions into long pieces (3~4cm in length).
2. Mix the seasoned meat with the sauce well. Acd sesame seed oil and the prepared vegetables. Marinate it for 30 minutes or so.
3. Stir-fry the ingredients in a preheated pan.

■ Tip!

■ Remove blood from the meat before cooking in order to prevent the meaty smell.

ブルゴギ

韓国人であれば誰もが好きなおいしいブルゴギを作ってみます。
下味を付けて肉を柔らかくしてから、いろんな薬味で和えて炒めたブルゴギ
は、お椀一杯をさっさと食べるメニューです。

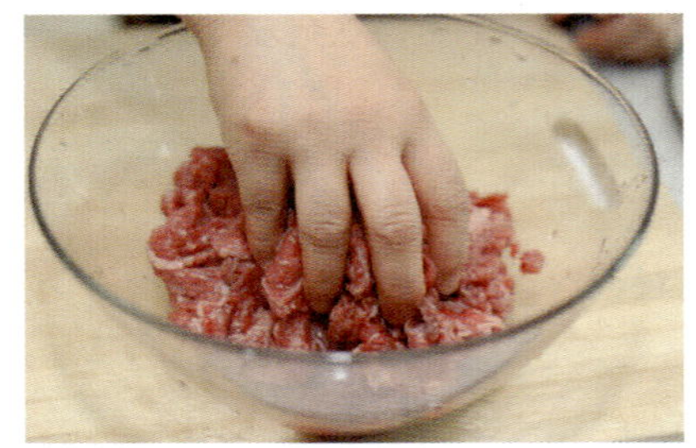

■ 材料

牛肉ブルゴギ用 600g、ヒラタケ 100g、玉ねぎ 200g、わけぎ 30g
下味: 砂糖 12g (1T)、清酒 30g (2T)、梨汁 30g (2T)
薬味: 醤油 60g (4T)、砂糖 24g (2T)、すりおろしにんにく 10g (1T)、
ネギのみじん切り (白い部分) 20g、ごま塩 7g (1T)、胡椒少々、ごま油 15g (1T)

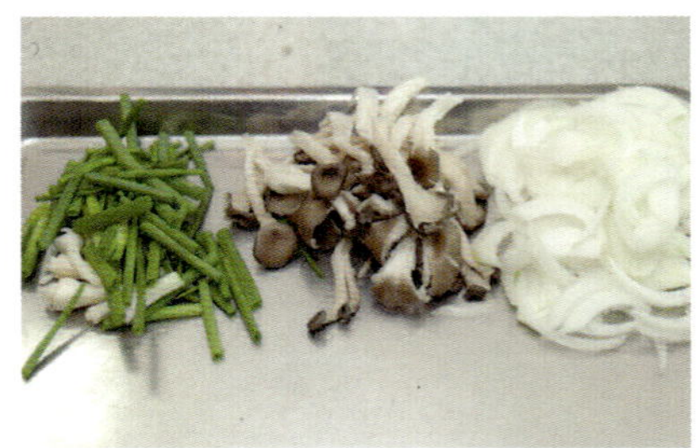

■ 作り方

1. 牛肉：紙タオルに包んで血の気を取り、10分間下味をつける。
   ヒラタケ：食べやすい大きさにちぎる。

   玉ねぎ：せん切る。わけぎ：3〜4cmの長さに切る。
2. 下味をつけた肉を薬味でよく混ぜた後、ごま油を加え混ぜてから、準備した野菜を入れて
   30分くらい浸ける。
3. 十分に余熱したフライパンに肉を入れ、よくほぐしながら炒める。

■ Tip!

■ 肉特有の脂臭さを取るためには、血の気を取って調理します。

烤牛肉

下面我们来做一下所有韩国人都喜欢吃的美味－烤牛肉。
将牛肉腌制得肉质柔嫩，然后加入各种调料拌匀，炒制而成的烤牛肉是一款增加食欲的美味佳肴。

■ 材料

牛肉 600g、平菇 100g、洋葱 200g、小葱 30g
底料：白糖 12g (1T)、清酒 30g (2T)、梨汁 30g (2T)
调料：酱油 60g (4T)、白糖 24g (2T)、蒜末 10g (1T)、葱段(葱白部分) 20g、芝麻盐 7g (1T)、胡椒粉少许、
　　　芝麻油15g(1T)

■ 做法

1. 牛肉：用纸巾去除血污，并用底料腌制10分钟。
   平菇：按适当尺寸撕开。
2. 把调料放入已经腌制过的牛肉中，并放入芝麻油搅拌均匀后，再把准备好的蔬菜放入牛肉中，继续腌制30分钟左右。
3. 把腌制好的牛肉放入充分预热的不粘锅里烹炒出来即可。

■ Tip!

■牛肉应该先挤掉血水后烹饪才能去除牛肉特有的腥味。

THỊT BÒ XÀO

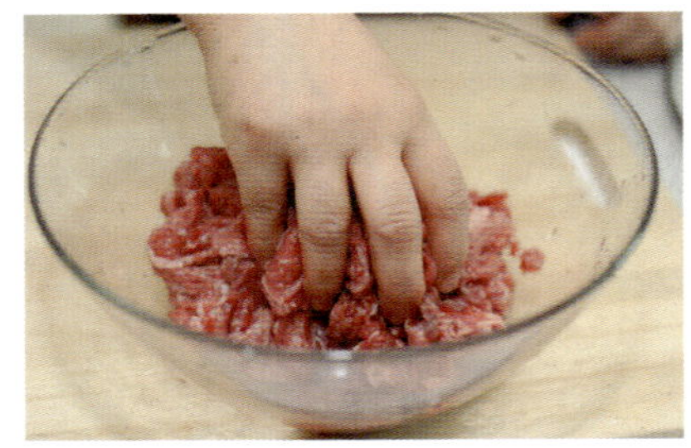

Hãy làm bullgogi, món ăn được yêu thích của người hàn quốc, theo công thức sau.
Việc ướp gia vị trước sẽ làm mềm thịt và nước xốt sẽ có hương vị tuyệt vời hơn. Đây là
một trong những món ăn phổ biến nhất trong ẩm thực hàn quốc.

■ Thành phân

600g thịt bò để xào, 100g nấm nutari, 200g hành tây, 30g hành lá.

Gia vị : 1 thìa súp đường (12g), 2 thìa súp rượu gạo (chong-chu) 30g, 2 thìa súp nước cốt
trái lê 30g.

Nước xốt : 4 thìa súp nước tương 60g, 2 thìa súp đường 24g, 1 thìa súp tỏi băm, 20g hành
lá cắt nhỏ (chỉ phần trắng), 1 thìa súp muối mè (7g), tiêu, 1 thìa súp dầu mè (15g).

■ Cách làm

1. Dùng khăn giấy thấm máu thừa từ thịt bò. Ướp gia vị thịt bò   và để trong 10 phút,
   xé nấm nutari thành miếng vừa ăn, cắt hành tây và hành lá dài từ 3-4 cm.

2. Trộn kỹ thịt đã ướp gia vị với nước xốt, cho dầu mè, nấm, và hành sau đó ướp trong
   30 phút.3. Xào các thành phần trên trong chảo nóng sẵn.

3. Xào các thành phần trên trong chảo đã nóng.

■ Tip!

■ Nhớ bỏ máu thừa từ thịt bò trước khi nấu để thịt có vị thơm hơn.

ប៉ុលក្កគី (ជាសាច់គោ)

ចូរចំអិនអាហារប៉ុលក្កគី អាហារដែលប្រជាជនកូរ៉េចូលចិត្តទៅតាមរូបមន្តធ្វើ ម្យ៉បនេះ។
ការប្រលាក់គ្រឿងមុន ធ្វើអោយសាច់ផុយល្អ ហើយទឹកជ្រលក់ធ្វើអោយកាន់ តែមានសេជាតិ។ វាគឺ
ជាអាហារ ដែលពេញនិយមនៅក្នុងចំនោមអាហារកូរ៉េ។

■ គ្រឿងផ្សំ៖

សាច់គោ ៦០០ក្រាម (សំរាប់ឆា) ផ្សិតកណ្តុរ ១០០ក្រាម ខ្ទឹមបារាំង ២០០ក្រា ម ស្លឹកខ្ទឹម ៣០ក្រាម។

គ្រឿងផ្សំរសជាតិ៖ ស្ករស ១ស្រាបព្រាកាហ្វេ (១២ក្រាម) ស្រាអង្ករ ២ស្រាប ព្រាកាហ្វេ (៣០ក្រាម)ទឹ
កផ្លែសាវ៉ី ២ស្រាបព្រាកាហ្វេ (៣០ក្រាម)

ទឹកជ្រលក់៖ ទឹកស៊ីអ៊ីវ ៥ស្រាបព្រាកាហ្វេ (៦០ក្រាម) ស្ករស ២ស្រាបព្រាកា ហ្វេ(២៥ក្រាម) ខ្ទឹមបុក ១
ស្រាបព្រាកាហ្វេ(១០ក្រាម) តល់ស្លឹកខ្ទឹម ២០ក្រាម ម្សៅល្ងប្រៃ ១ស្រាបព្រាកាហ្វេ (៧ក្រាម) ម្រេចម៉ត់
ប្រេងល្ង ១ស្រាបព្រាកា ហ្វេ(១៥ក្រាម)

■ របៀបធ្វើ

1. យកឈាមចេញពីសាច់គោដោយប្រើកន្សែងក្រដាស។ ប្រលាក់សាច់ហើ យទុក១០នាទី។ ហែក
   ផ្សិតអោយ ល្អិត។ ហាន់ខ្ទឹមបារាំង និងស្លឹកខ្ទឹមជា វែង។ (៣-៥សម)។

2. លាយសាច់ដែលប្រលាក់ហើយជាមួយនឹងទឹកជ្រលក់អោយសព្វ។ ដាក់ ប្រេងល្ង ហើយរៀបចំប
   ន្ថែ។ ទុករយ:ពេល៣០នាទី។

3. ឆាគ្រឿងផ្សំទាំងអស់នៅក្នុងខ្ទះក្តៅ។

■ Tip!

■ យកឈាមចេញពីសាច់មុននឹងចំអិន ដើម្បីកុំអោយមានក្លិន។

제육볶음

Jeyuk-bokkeum　チェユクボクム　炒猪肉
THỊT BA RỌI XÀO　គាសាច់ជ្រូក

제육볶음

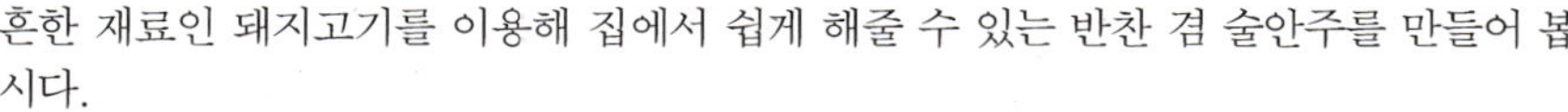

혼한 재료인 돼지고기를 이용해 집에서 쉽게 해줄 수 있는 반찬 겸 술안주를 만들어 봅시다.
돼지고기의 누린내를 쉽게 제거하고 맛깔스런 양념으로 재워서 누구 입맛에나 잘 맞는 메뉴라고 할 수 있습니다.

■ 재료

돼지고기 600g(삼겹살 또는 목등심), 양파 1개, 상추, 깻잎
양념: 고추장 5T, 고춧가루 2T, 다마리간장 2T, 생강술 2T, 다진마늘 2T, 참기름 2T,
　　　설탕 1T 물엿 4T, 후추조금

■ Tip!

■ 돼지고기에는 어린이 성장 발육에 필요한 인 · 칼륨이 풍부하고 중금속 해독작용과 몸에 쌓인 노폐물을 밖으로 내보내는 역할을 하는 성분이 있습니다. 또한 필수아미노산인 비타민 B1을 쇠고기의 10배나 함유하고 있습니다.
　돼지고기는 길게 썰어진 것으로 구입해야 재우기도 쉽고 굽기도 편리합니다.

■ 만드는 법

1. 양파 1개를 갈아서 고기를 한 장 한 장 재워 놓는다. (하룻밤 냉장보관)
2. 양념을 모두 섞어 양념장을 만들어 놓는다.
3. 재워둔 고기의 양파를 훑어내그 양념장에 고기를 재워서 1시간 이상 둔다. (냉장 보관)
4. 팬을 예열하여 고기를 넓게 펴서 구워 먹기 좋게 자른다.
5. 접시에 상추와 깻잎을 깔고 소감스럽게 담아낸다.

■ Tip!

■ 시간 여유가 있을 때는 하룻밤 냉장 보관하면 좋습니다.
　양파는 연육작용도 하지만 돼지고기를 씻어주는 역할도 합니다.
■ 양념의 배합이 중요합니다. 매운맛과 간이 딱 맞는 양념장입니다.
■ 곁들이는 깻잎은 맛과 향이 진하고 고소해 입맛을 돋워 주는데, 알칼리성 식품이기 때문에 냄새가 강한 육류와 함께 먹으면 궁합이 잘 맞습니다.

Jeyuk-bokkeum (spicy pork-strip stir-fry)

Make this popular side-dish and finger-food at home easily using pork.
The marinade will remove the odor from the pork and is favored by everyone.

■ Ingredients

Pork (belly or sirloin, 600g), 1 onion, lettuce, sesame leaves
Sauce: 5T red chili pepper sauce, 2T red chili pepper powder, 2T soy sauce,
2T rice wine, 2T minced garlic, 2T sesame seed oil, 1T sugar, 4T starch
syrup, a bit of ground black pepper

■ Tip!

- Pork is a rich source of phosphorus and potassium, which are essential
  minerals for children's growth. It also helps discharge toxins and heavy
  metals out of the body.
  Pork contains 10 times more B1 than beef does.
  Use pork strips, which are easier to marinate and fry.

■ How to Make

1. Puree the whole onion. Marinate each slice of meat in the
   pureed onion and keep it overnight in the fridge
2. Prepare the marinade sauce as well and leave it aside.
3. Scrape the remaining onion off the meat. Marinate it in the sauce for at
   least 1 hour in the fridge.
4. Pre-heat the pan and spread the meat broadly over it. Stir-fry and chop
   the cooked meat.
5. Spread the lettuce and sesame leaves on a plate and serve the meat on it.

■ Tip!

- It is recommended that you marinate the meat in the onion puree overnight.
  The onion helps to soften the meat as well as cleansing it.
- It is strongly suggested that you follow the exact portions of the ingredients
  to make the sauce.
- The sesame leaves served with the meat has a distinctive flavor and
  stimulates the appetite. This alkaline food is recommended for any red-meat
  dishes.

チェユクボクム(豚肉の炒め物)

すぐ手に入る材料である豚肉を利用して、家庭で簡単に作れるおかず兼おつまみを作ってみます。
豚肉の脂臭さを簡単にとれ、美味しい味付けで誰の口にもよく合う
メニューと言えます。

■材料

豚肉 600g (ばら肉)、玉ねぎ 1個、チシャ、ゴマの葉
ゴチュジャン 5T、粉唐辛子 2T、ソイソース醤油 2T、生姜酒 2T、すりおろしにんにく 2T、ごま油 2T、砂糖 1T、
水あめ 4T、胡椒少々

■Tip!

■豚肉には子供の成長発育に必要なリンとカリウムが豊富で、重金属の解毒作用と体の老廃物を外に排出する役割をする成分があります。
また必須アミノ酸のビタミン B1は牛肉の10倍も含まれています。
豚肉は長く切ったものを購入した方が下付けも簡単で焼きやすいです。

■作り方

1. 玉ねぎ1個をおろして、肉を一枚ずつつけておく(一晩冷蔵保管)。
2. 薬味ソースの材料をすべて混ぜてソースを作っておく。
3. 下付けておいた肉の玉ねぎを取り、薬味ソースに肉を浸けて1時間以上置く(冷蔵保管)。
4. フライパンを余熱し、肉を広く広げて焼き、食べやすい大きさに切る。
5. 皿にチシャとゴマの葉を敷き、見栄えよく盛り付ける。

■Tip!

■時間の余裕があるときには一晩冷蔵庫で寝かすといいです。
玉ねぎは肉を柔らかくする作用をしますが、豚肉を洗う役割もします。
■薬味の配合が大事です。辛さと塩加減がちょうどいい薬味ソースです。
■添えるゴマの葉は味と香りが濃く香ばしくて食欲をそそりますが、アルカリ性食品ですので臭いの強い肉類と一緒に
食べると相性がいいです。

炒猪肉

猪肉是常见的料理材料，下面我们就用猪肉来做一下家庭配菜兼下酒菜。
炒猪肉可以轻松除去猪肉的膻味，用美味佐料腌制，很适合大众口味。

■ 材料

猪肉 600g (五花肉或脖子肉)、洋葱 1个、生菜、芝麻叶
佐料：辣椒酱 5T、辣椒面 2T、酱油 2T、清酒 2T、蒜末 2T、香油 2T、砂糖 1T、
　　　麦芽糖 4T、胡椒少许

■ Tip!

- 猪肉里含丰富的小孩子成长发育时必要的磷和钾，还含有可解重金属毒，并具有可清除积累在体内代谢物作用的成分。
- 再则，猪肉中人体必需氨基酸−维生素B1的含量是牛肉的10倍。
- 猪肉要购买切成长条的，这样易腌制也易于制作烤肉。

■ 做法

1. 绞好1个洋葱，一片一片腌制肉片。(冷藏保管一夜。)
2. 搅拌所有佐料，制作佐料酱。
3. 把腌制好的肉片上的洋葱抒一下，并在佐料里腌制1小时以上。(冷藏保管)
4. 预热不粘锅，把肉片铺开，烤制，将肉剪成方便食用的小块。
5. 在碟子里铺上生菜和芝麻叶，装入烤好的肉片

■ Tip!

- 有时间的话，冷藏保管一夜为好。
  洋葱有软化肉质的作用，也有洗净猪肉的作用。
- 佐料的配方很重要的。要做出辣味和咸淡合适的佐料酱。
- 芝麻叶是咸性食品，与肉腥味强的肉类一起吃，是很好的搭配。它香味浓郁，还可以促进食欲。

THỊT BA RỌI XÀO

Đây là món nhắm rất phổ biến làm từ thịt ba rọi, gia vị ướp sẽ làm giảm mùi thịt từ heo, và rất được ưa thích.

■ Thành phân

600g thịt ba rọi hoặc thịt lưng, 1 củ hành tây, xà lách, lá mè.

Gia vị : 5 thìa súp tương ớt, 2 thìa súp bột ớt, 2 thìa súp xì dầu, 2 thìa súp rượu gạo, 2 thìa súp tỏi băm, 2 thìa súp dầu mè, 1 thìa súp đường, 4 thìa súp si-rô bột khoai, một ít tiêu.

■ Tip!

■ Thịt heo cần cho sự tăng trưởng và phát triển cho trẻ em. Nó cũng có tác dụng giải độc cho cơ thể, heo chứa vitamin B1 nhiều hơn 10 lần so với thịt bò.

  Nên dùng thịt ba rọi miếng để ướp và xào.

■ Cách làm

1. Nghiền hành tây, ướp hành với từng miếng thịt, để qua đêm trong tủ lạnh.
2. Chuẩn bị gia vị ướp.
3. Gạt hành tây ra khỏi miếng thịt, sau đó ướp với gia vị một giờ đồng trong tủ lạnh.
4. Xào thịt trên chảo đã nóng, trải thịt đều trên chảo.
5. Trải thịt đã xào trên xà lách và lá mè.

■ Tip!

■ Nên ướp thịt và hành nghiền qua đêm. Hành tây có tác dụng lam mềm và sạch thịt.

■ Nên theo đúng dung lượng của các thành phần trong gia vị.

■ Lá mè bao quanh bên ngoài tạo vị đặc trưng và ngon miệng, tính kiềm trong lá mè rất phù hợp cho các loại thịt đỏ.

គាសាច់ជ្រូក

ក្នុងគ្រឿងផ្សំមានសាច់ជ្រូកជាមួបងាយស្រលយកមកប្រើសំរាប់ធ្វើម្ហូប ហើ
យច្រើនជា ម្ហូបគ្រឿងភ្លើម សាច់ជ្រូកជាសាច់ងាយស្រលក្នុងការបរិបាត់ភ្លីន
ហើយត្រូវជាម្ហូប គ្រឿងផ្សំមានឱ៏ជារសដែលគ្រប់គ្នាអាចទទួលយកបាននូវ
រសជាតិមុខម្ហូបនេះ ។

■ គ្រឿងផ្សំ៖

សាច់ជ្រូក៦០០ក្រាម(សាច់ជ្រូកបីជាន់រឺសាច់ដឹងស៊ីម)ខ្ទឹមបារាំង១ផ្លែសាឡា
តស្លឹកស្ល
គ្រឿងផ្សំរសជាតិ: ម្ទេសខាប់៥ស្លាបព្រាម្ទេសម៏ត៦ស្លាបព្រា ទឹកស៊ីអ៊ីវ២ស្លា
បព្រា ស្រាតុងជូ២ស្លាបព្រាខ្ទឹមសបុក២ស្លាបព្រា ប្រេងល្ង២ស្លាបព្រា សួរស
១ស្លាបព្រា ទឹកស្ករ៥ស្លាបព្រា ម្រេចម៏តបន្តិច ។

■ Tip!

ក្នុងត្រូវការសាច់ជ្រូកសំរាប់ការវិកធំចាត់សម្បូរដោយជាតិកាល់ស្យូមច្រើនហើយ មា
នតួនាទីកំចាត់ជាតិអាក្រក់ដែលផ្ទុកក្នុងខ្លួនចេញមកក្រៅបានទៅៀតផង ។ មួយទៀ៉ត ត
វមានជាតិអាស៊ីតដីលស្លីអាម៏ណ្ណសាអ៊ុំវីគាមីនបេម្មុយមានចំណុះ១០ដងក្នុង សា
ច់គោទៅៀតផង។ត្រូវទិញសាច់ជ្រូកណាដែលគេកាត់ប្រវែងវៃងទៅបធ្វើអោយយេឺ៊ងងា
យ ស្រល ក្នុងការចំអិនផងដែរ ។

■ របៀបធ្វើ

1. ហាន់ខ្ទឹមបារាំង១ផ្លែជាចំរៀកតូចៗ ហើយសាច់ត្រូវរៀបម្មុយសន្លឹករ្បូចដា
ក់ក្នុង (ទូទឹកកកម្មុយយប់ចោលសិន)

2. គ្រឿងផ្សំរសជាតិចាក់ចូលលាយគ្នាទាំងអស់ សំរាប់ដាក់បំពេញរសជាតិ

3. យកសាច់ខ្ទឹមបារាំងដែលដាក់ក្នុងទូទឹកកកចេញ ហើយប្រឡាក់គ្រឿងអោ
យសព្វ រួចយកទៅដាក់ក្នុងទូទឹកកករក្សាវទុកជាង១ម៉ោង ។

4. ដាក់ខ្ទះអោយក្ដៅ រួចយកសាច់មកក្រាលៀនហើយកាត់ជាចំរៀកសម
ល្ម ។

5. ក្រាលសាឡាតនិងស្លឹកស្លពីក្រោម ដូសសាច់ដាក់ពីលើអោយបានរៀបរ
យល្អ មើល ទៅគួរអោយចង់ពិសា ។

■ Tip!

- ប្រសិនបើមានពេលអាចរក្សាទុក ក្នុងទូទឹកកកបានមួយយប់កាន់តែល្អ ។ ខ្ទឹមបារាំ
  ង មិនត្រឹមតែសាកសមនឹងសាច់ប៉ុណ្ណោះទេ វមាននាទីជួយសំអាតភ្លីនឆ្លាប របស់
  សាច់ ជ្រូកបានទៅៀតផង ។

- គ្រឿងផ្សំរសជាតិគឺសំខាន់ណាស់ សំរាប់រសជាតិហើល ត្រូវភ្លក់ហើយផ្សំអោយត្រូវ
  ជាមួយនឹងរសជាតិគ្រឿងទេស ។

- ស្លឹកល្ងមានភ្លិនល្អួយខ្លាំងមកផ្ទាប់ជាមួយព្រោះតែមានជាតិក្បុង
  វសាកសមពិសាជា១នឹងសាច់នេះណាស់ ។

닭매운찜

Dak-maeunjjim 鶏のピリ辛煮込み

辣鸡汤 GÀ HẦM CAY ហាក់មេកុនជីម

닭매운찜

닭을 주재료로 하는 메뉴 중 매콤한 맛으로 인기가 좋은 닭매운찜은 함께 먹는 감자의 맛 또한 일품인 메뉴입니다.
매콤하고 뜨거워서 후후 불면서 먹는 닭매운찜은 어른, 아이 할 것 없이 모두 좋아하는 음식입니다.

■ 재료

닭고기 1.5kg
밑간: 생강술 60g (4T), 감자 600g, 양파 200g, 대파 60g (2대), 청고추 30g (2개), 홍고추 18g (1개), 물 2컵
데침 재료: 대파 이파리 20g (2대), 마늘 15g (3쪽), 통후추 3g (½t)
양념장: 고추장 54g (3T), 고춧가루 21g (3T), 다진 마늘 10g (3T), 설탕 12g (1T), 맑은장국 45g (3T), 간장 30g (2T), 마른 홍고추 3g (3개), 후추, 소금 조금, 참기름 5g (1t), 통깨 조금
기타: 당면 100g

■ Tip!

- 닭고기는 쇠고기, 돼지고기에 비해 지방이 적을 뿐 아니라 소화 흡수가 잘되는 양질의 단백질을 많이 함유하고 있습니다.
  닭고기에 없는 탄수화물을 감자가 보충해 한 끼 식사로 충분한 영양공급을 해주고 있습니다.

■ 만드는 법

1. 끓는 물에 데침 재료를 넣고 닭을 튀어낸 뒤 생강술로 밑간한다.
2. 감자, 양파는 큼직하게 썰고 대파, 청고추, 홍고추는 어슷썬다.
3. 양념장은 모두 섞어 놓는다.
4. 쿠커에 밑간한 닭을 넣고 양념장을 골고루 버무린 후 뚜껑을 덮어 끓인다.
5. 끓으면 감자, 양파를 넣고 섞은 후 물 2컵을 넣고 뚜껑을 덮어 다시 끓인다.
6. 감자가 익으면 뚜껑을 열고 국물을 조리듯이 한 다음 대파, 청고추, 홍고추, 참기름을 넣고 한 번 더 살짝 끓인 후 그릇에 담아 통깨를 뿌려낸다.

■ Tip!

- 닭은 핏물과 기름덩어리를 잘 제거한 후 익혀내 주세요.
  닭의 기름기와 잡냄새를 제거하면서 깨끗하게 해주는 과정입니다.
  데침 재료는 냉장고에 있는 사용하고 남은 야채를 넣어주어도 됩니다.
  닭이 익혀지는 과정을 살펴보면서 꺼내야 하기 때문에 뚜껑을 덮을 필요는 없습니다.
- 닭과 양념을 잘 섞어주세요. 닭을 먼저 익히는 과정으로 불을 세지 않게 해서 타지 않도록 해주세요.
- 모든 재료가 다 익은 후엔 뚜껑을 열고 국물을 조리듯 해주세요.
  닭매운찜은 국물이 아예 없는 메뉴는 아닙니다. 남은 국물에 당면을 불려 넣거나 떡볶이 떡을 넣어 먹어도 별미입니다.

Dak-maeunjjim (Spicy Chicken Stew)

Dak-maeunjjim is a popular dish, containing sweet and spicy chicken and tasty potatoes. This spicy, healthy dish is sure to become a favorite of everyone in your family

■ Ingredients

Chicken (with bones and skin intact, cut into pieces, 1.5kg), 4T rice wine , Potatoes (600g), onions (200g), 2 leeks, 2 green chili peppers, 1 red chili pepper, 2 cups water.

Pre-cooking Ingredients: 2 green leaves of leek, 3 garlic cloves, 1/2T whole black pepper

Sauce: 3T red chili pepper paste, 3T red chili pepper powder, 3T minced garlic, 1T sugar, 3T soy sauce for making soup, 2T ordinary soy sauce, 3 dried red chili peppers, ground black pepper, salt, 1t sesame seed oil, whole roasted sesame seeds

Other: Cellophane noodles (100g)

■ Tip!

- Chicken contains less fat than beef and pork do. It also contains a lot of high-quality protein that is easy to digest. Potatoes provide carbohydrates that the chicken lacks, so this is perfect for a hearty, nutritious, well-balanced meal.

■ How to Make

1. Add the pre-cooking ingredients to boiling water. Immerse the chicken in it to drain it of blood and odor. Add rice wine to the chicken often.
2. Cut potatoes and onions into big chunks. Cut the leek and chili peppers into thin slices.
3. Prepare the sauce.
4. Add the wine-marinated chicken into a pot. Mix it with the sauce. Put the lid back on and bring it to the boil.
5. Once the chicken comes to the boil, add the chunks of potatoes and onions. Add two cups of water and bring them to the boil.
6. Once potatoes are cooked, remove the lid and boil the ingredients down in the sauce. Add leek, chili peppers, and sesame seed oil. Garnish with roasted whole sesame seeds.

■ Make sure you remove all the blood and excess fat from the chicken by rinsing it in water and briefly immersing it in boiling water. This is an effective way to eliminate the odor and fat from the chicken.

You may use any vegetables you have in your fridge as pre-cooking ingredients.

You do not have to keep the lid on the pot what boiling it briefly to remove the fat and odor.

■ Make sure all the pieces of the chicken are mixed well with the sauce.

When pre-cooking chicken, make sure the heat is not too strong so as to avoid burning the chicken.

■ Once all the ingredients are cooked, put the lid on the pot and boil them further in the sauce.

Of course, this stew must have some liquid on the bottom of the pot.

You can use the remaining sauce to make buckwheat noodle or toppoki.

鶏のピリ辛煮込み

鶏が主材料になるメニューの中で、辛い味で人気の高い鶏のピリ辛煮込みは、一緒にいただくじゃがいもの味もおいしい料理です。
辛くて熱くて、はふはふしながらいただく鶏のピリ辛煮込みは、大人も子供も好きな料理です。

■ 材料

鶏肉 1.5kg

下味付け：しょうが酒 4T, じゃがいも 600g、玉ねぎ 200g、長ネギ 2本、青唐辛子 2本、赤唐辛子1本、水 2 カップ

茹でる材料：長ネギの葉 2本、にんにく 3片、粒胡椒 3g(½T)

薬味ソース：ゴチュジャン 3T、粉唐辛子 3T、すりおろしにんにく 3T、砂糖 1T、だし醤油 3T、醤油 2T、干し赤唐辛子 3本、胡椒、塩少々 … ごま油 1T、炒りごま少々

その他：春雨 100g

■ Tip!

- 鶏肉は牛肉や豚肉に比べ脂肪が少ないだけではなく、消化吸収のよい良質のたんぱく質を豊富に含んでいます。
- 鶏肉にはない炭水化物をじゃがいもが補い、一食に十分な栄養を供給してくれます。

■ 作り方

1. 熱湯に茹でる材料を入れ、鶏をさっと茹で上げ、しょうが酒で下味を付けます。
2. じゃがいも、玉ねぎは大きめに切り、長ネギ、青唐辛子、赤唐辛子は斜め切りにする。
3. 薬味ソースはすべて混ぜておく。
4. 下味を付けた鶏をクッカーに入れ、薬味ソースと混ぜ合わせた後、蓋をして煮る。
5. 煮立ったらじゃがいもと玉ねぎを加えて混ぜた後、水2カップを加え、再度煮る。
6. じゃがいもが煮えたら蓋を開け、だし汁を煮詰め、長ネギ、青唐辛子、赤唐辛子、ごま油を加え、もう一回かるく煮て器に盛り、炒りごまを振り掛ける。

■ Tip!

- 鶏は血の気と脂をきれいに取ってから、熱湯に茹でてください。
  鶏の油と雑臭をなくし、きれいにする作業です。
  茹でる材料は冷蔵庫にある残りの野菜を活用することもできます。
  鶏の茹で具合を見ながら揚げるので、蓋をする必要はありません。
- 鶏と薬味ソースをしっかり混ぜ合わせてください。
  さきに鶏に火を通すステップですので、あまり火を強めず焦がさないでください。
- すべての材料が煮えたら、蓋を開けて、だし汁を煮詰めてください。
  鶏のピリ辛煮込みは、だし汁のないメニューではありません。
  残りのだし汁は、ふやかした春雨やトッポッキ用の餅を入れて食べても独特な味が楽しめます。

辣炖鸡肉

辣炖鸡肉是一款以鸡肉为主要材料,以香辣美味深受欢迎的料理。
又辣又烫,边吹边吃的辣炖鸡肉,是老幼皆宜的一款美食。

■ 材料

鸡肉 1.5kg

底料: 清酒 4T、土豆 600g、洋葱 200g、大葱 2根、青辣椒 2个、红辣椒 1个、水 2杯

焯水材料: 大葱叶 2个、大蒜 3瓣、整粒胡椒 ½

佐料: 辣椒酱 3T、辣椒面 3T、蒜末 3T、砂糖 1T、汤酱油 3T、酱油 2T、红辣椒 3个、
胡椒、精盐少许、香油 1t,芝麻少许

其它: 粉条 100g

■ Tip

■ 鸡肉比起牛肉、猪肉,不仅脂肪低,还含有很多易消化、易吸收的 优质蛋白质。
土豆补充鸡肉里缺少的碳水化合物,能供给充分的营养。

■ 做法

1. 在沸水里放入焯水材料,把鸡肉焯水后,用清酒做底料。
2. 土豆、洋葱切大一点,大葱、青辣椒、红辣椒切斜丝。
3. 佐料都放在一起拌一下。
4. 锅里放入做完底料的鸡肉,将佐料拌匀后,盖锅盖继续煮熬。
5. 煮开后放入土豆、洋葱,再放入2杯水,继续煮熬。
6. 土豆煮熟后,打开锅盖收汁,放入大葱、青辣椒、红辣椒、香油后,再稍微煮一下,盛入碗
   里,最后撒上芝麻。

■ Tip!

■ 鸡肉除去血水和油块,焯一下水。这是为了除去油和异味,使肉质更加干净。
焯水材料可以选用冰箱里剩余的蔬菜。
鸡肉焯水的过程,要边看边捞出,所以不必盖锅盖。

■ 要将鸡肉与调料酱拌均匀。
在先煮熟鸡肉的过程中,要用小火慢煮,以防煮糊。

■ 煮熟所有材料后,开锅盖熬一下汤。
辣炖鸡肉并不是没有汤的料理。
在剩余汤里放入泡开的粉条或放入年糕也别有风味。

">

GÀ HẦM CAY

Gà hầm cay là món ăn rất phổ biến, với vị cay ngọt từ thịt gà và khoai tây, món ăn đậm đà này được tất cả mọi người yêu thích. Món ăn cay và bổ dưỡng này chắc chắn sẽ là món khoái khẩu cho gia đình bạn.

■ Thành phân

Nguyên liệu:

- 1.5kg thịt gà gồm cả xương và thịt, cắt thành miếng vừa ăn.

- 4 thìa súp rượu gạo, 600g khoai tây, 200g hành tây, 2 hành to, 2 quả ớt xanh, 1 quả ớt đỏ, 2 chén nước.

Nguyên liệu làm sạch : 2 hành to, 3 nhánh tỏi, ½ thìa súp hạt tiêu nguyên hạt.

Gia vị : 3 thìa súp tương ớt, 3 thìa súp bột ớt, 3 thìa súp tỏi băm, 1 thìa súp đường, 3 thìa súp xì dầu nấu súp, 2 thìa xì dầu ăn, 3 trái ớt khô, bột tiêu, muối, 1 thìa cà phê dầu mè, một nắm mè rang.

Nguyên liệu khác : 100g miến.

■ Tip!

■ so với thịt heo và thịt bò, thị gà ít mỡ và chứa nhiều chất đạm rất tốt cho việc tiêu hóa, khoai tây bổ sung lượng tinh bột mà thị gà không có, giúp can bằng bữa ăn.

■ Cách làm

1. Cho nguyên liệu làm sạch vào nước, đun sôi. Cho gà vào, để loại bỏ máu và mùi hôi, sau đó cho rượu vào để ướp gà.

2. Cắt khoai tây và hành tây thành miếng lớn. Xắt lát hành lớn và ớt thành miếng mỏng.

3. Chuẩn bị gia vị.

4. Vớt thịt gà đã ngâm với rượu ra, ướp với gia vị, sau đó nấu sôi, nhớ đậy nắp.

5. Khi gà đã sôi, cho khoai tây và hành tây vào, thêm 2 chén nước và tiếp tục đun sôi.

6. Khi khoai tây đã chín, mở nắp, tiếp tục đun. Sau đó cho hành, ớt, dầu mè. Sau cùng rắc hạt mè.

■ Tip!

■ cách hiệu quả để khử mùi hôi và mỡ từ thịt gà là rửa chúng trong nước, nấu nhanh trong nước sôi, không đậy nắp.

■ Bạn có thể dùng bất cứ loại rau nào có sẵn để làm nguyên liệu làm sạch.

■ Nên ướp thịt kỹ với gia vị, khi nấu không để lửa quá lớn tránh để gà bị cháy.

■ Nên nấu khoai tây chín kỹ.

■ Khi các nguyên liệu đã chín, mở nắp vung, để nước xốt từ từ đặc lại. Nên giữ một ít nước xốt để cho vào mì hoặc bánh ttok.

ឋាក់មេអ៊ុនជីម

សាច់មាន់គឺជាសាច់មួយដែលគេយកទៅប្រើក្នុងចំណោមបញ្ជីរាយមុខម្ហូបរបស់អ្នករស់ជាតិហើលហើយជាម្ហូបពេញនិយម ពិសារម្អគ្នាជាម្ហូបដ៏ឆ្ងាញ់ចារាំង ជាមុខម្ហូបពិសេសមានក្នុងបញ្ជីមុខម្ហូប ។ ផ្លូវ ហ៊ី ហ៊ី ព្រោះតែក្តៅហើយហ៊ី ល ម្ហូបនេះមិនថាចាស់រវ័ក្មេងទេ តែងមានការនិយម ចូលចិត្តគ្រប់គ្នា ។

■ គ្រឿងផ្សំៈ

សាច់មាន់១.៥គីឡូក្រាមលាងអោយស្អាតរាយអំបិលម្រេចបន្តិចស្រា(ធុងផ្ទ) ៥ស្លាបព្រាដ៏ឡូងបារាំង៦០០ក្រាមខ្ទឹមបារាំង២០០ក្រាមដើមខ្ទឹម(ធេផា)២ដើមម្ទេសខៀវ២ផ្លែ ម្ទេសក្រហម១ផ្លែ ទឹក២កែវ

គ្រឿងផ្សំសំរាប់បង់ក្នុងទឹកនៅពេលដែលពុះៈ ស្លឹកខ្ទឹម(ធេផា)២សន្លឹកខ្ទឹមសព៣កំពី សម្រេចគ្រប់កន្លះស្លាបព្រា

គ្រឿងផ្សំរសជាតិៈ ម្ទេសខាប់៧ស្លាបព្រា ម្ទេសម៉ត់៧ស្លាបព្រា ខ្ទឹមសបុក៣ ស្លាបព្រា ស្ករ១ស្លាបព្រា ទឹកត្រី៧ស្លាបព្រា ទឹកស៊ីអ៊ីវ២ស្លាបព្រាប ម្ទេសក្រ ហម៣ផ្លែ ម្រេចម៉ត់ អំបិលបន្តិច ប្រេងល្ង១ស្លាបព្រាការហ្វែនិងល្គ្រា បបន្តិច ផ្សេងៗៈ មីស្ងូ១០០ក្រាម

■ Tip!

សាច់មាន់ជាប្រភេទសាច់ដែលមានជាតិខ្លាញ់តិចជាងសាច់គោនិងសាច់ជ្រូក ហើយ វអាចជួយអោយក្រៈងាយស្រួលក្នុងការរំលាយអាហារបានយ៉ាងល្អ មានវីតាមីន ច្រើន ទៀតផង ហើយសាច់មាន់គ្មានការបោនអ៊ុរ្ជាតទេ សាកសមជាម្ហូបនឹងដំឡូង បារាំង ដែលមានបន្លែមនុរអាហាររូបត្តម្ហផ្ធត់ផ្តង់យ៉ាងល្អទៀតផង ។

■ របៀបធ្វើ

1. ដាក់គ្រឿងផ្សំសំរាប់បង់ចូលក្នុងទឹកដែលពុះៈ ហើយដាក់សាច់មាន់ចូលស្មើមួយ ពុះ ស្រង់ចេញ ក្រោយមកចាក់ស្រា(ធុងផ្ទ)ចូលអប់រសជាតិ

2. ហាន់ដំឡូងបារាំងខ្ទឹមបារាំងជាដុំៗងស្លឹកខ្ទឹមម្ទេសខៀវរម្ទេសក្រហម ហា ន់ផ្នែក

3. ដាក់គ្រឿងផ្សំរសជាតិទាំងអស់ចូលគ្នា ហើយច្របល់អោយសព្ទចូលជាតិគ្នា

4. យកសាច់មាន់ដែលបានអប់រសជាតិហើយនោះ ដាក់ចូលក្នុងឆ្នាំង ដាក់ គ្រឿ
ងផ្សំ រសជាតិចូល រួចច្របល់អោយរសជាតិវាចូលគ្នាសព្វបន្ទាប់មកបិទគំរបឆ្នាំ
ង ហើយបើក ភ្លើងចំអិន

5. ពេលដែលទឹកពុះចាំដាក់ដំឡូងបារាំងខ្ចីមបារាំងចូលហើយច្របល់បន្ទាប់មកចា
ក់ ទឹក២កែវចូល ចាំបើកភ្លើងចំអិនម្ដងទៀត ។

6. បើកគំរបឆ្នាំងមើលបើដំឡូងបារាំងឆ្អិនវិងដាស់ទឹកសម្លអោយវិង្សុចដាក់ ស្លឹកខ្ទឹម
ម្ដេសខៀវ ម្ដេសក្រហម ប្រងល្ងចូលស្មេមួយពុះទៀត ទើបចា ក់ដាក់ ចាន រួ
ចពោយគ្រាប់ល្ងពីលើជាការស្រេច ។

■ សេចក្ដីបន្ថែមយកទឹកដែលក្រាសាច់មាន់នោះចេញ ហើយចៀលខ្លាញ់ចេញអោយ បាន
ស្អាតណ្ឈេចយកទៅស្រុះក្នុងទឹកក្ដៅមួយពុះ បែបនេះគឺធ្វើអោយសាច់មាន់គ្មា នក្លិនឆ្អាប
ចេញមក និងធ្វើអោយសាច់មាន់ជ្រះស្អាតល្អងដែរ ។ អាចយកគ្រឿង ផ្សំដែលមានក្នុង
ទឹកកករឺបន្ថែមដែលនៅសល់យកមកដាក់ប្រើក៏បានដែរ ។ ដោយ សារតែត្រូវលើកសាច់
មាន់ចេញពេលឆ្អិន ដូច្នេះមិនចាំបាច់បិទគំរបឆ្នាំងទេ ។

■ សូមច្របល់គ្រឿងផ្សំរសជាតិអោយបានសព្វល្អៗ ហើយបើកភ្លើងវាងាស់តិចៗ កុំអោយ
ខ្លោចមុនពេលដែលសាច់មាន់មិនទាន់ឆ្អិនល្អ ។

■ ត្រូវទុកពេលអោយដំឡូងបារាំងឆ្អិនល្អសិន ។

■ ត្រូវអោយគ្រឿងទាំងអស់ឆ្អិនសព្វគ្រប់ហើយបើកគំរួចវាងាស់អោយវិងទឹកបន្តិចដោ យម្ឬ
បថាក់មេអុំដើមនេះ មិនមែនជាមុខខ្មួបដែលគ្មានទឹកនោះទេ គឺទឹកសម្លនៅ សល់អាច
ដាក់មីស្ល រីតក់ពុកគឺ ញ៉ាំជាមួយក៏បានដែរ ។

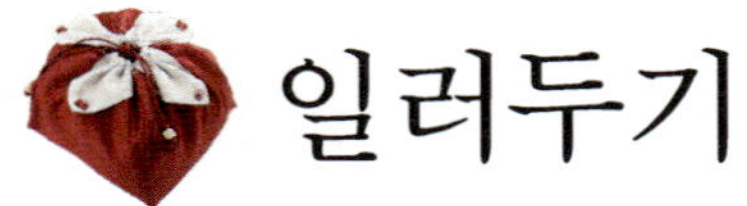

일러두기

1. 곡류 — Grain

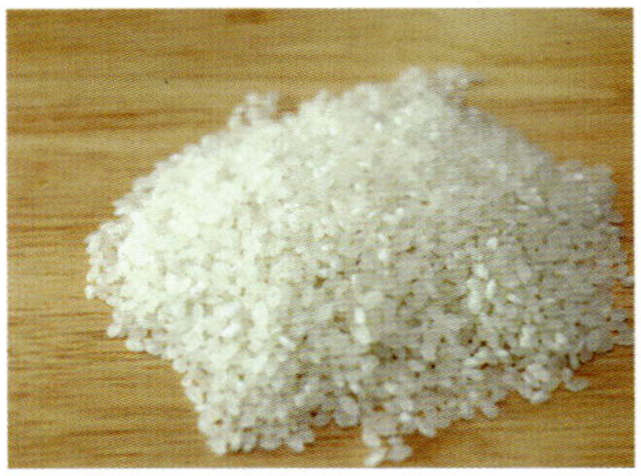

쌀 ssal

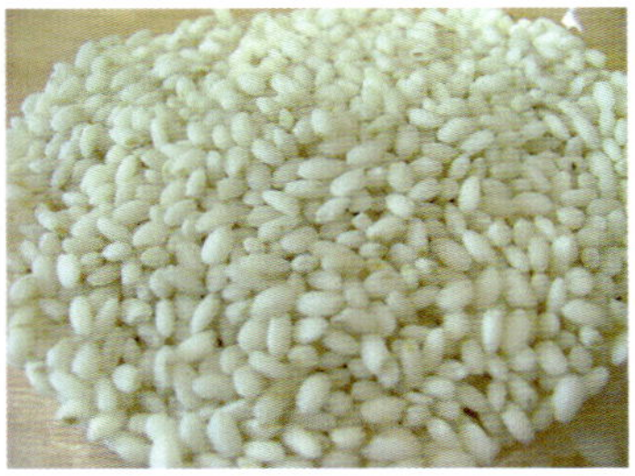

찹쌀 chop ssal

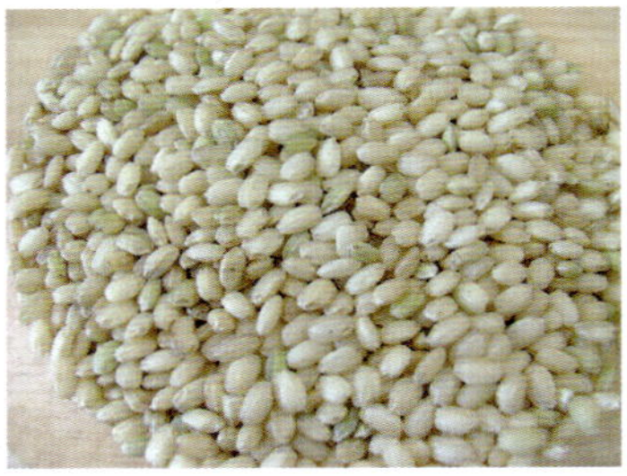

현미 hyun mi

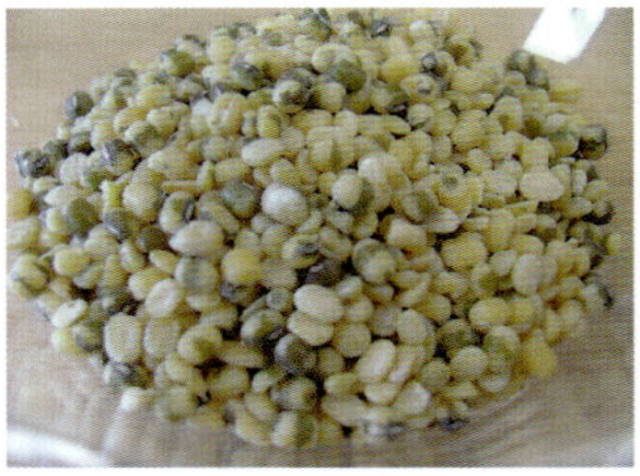

녹두 nok do

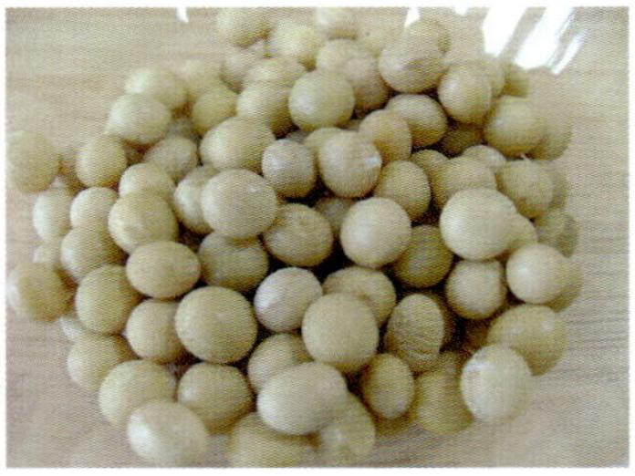

백태 baektae

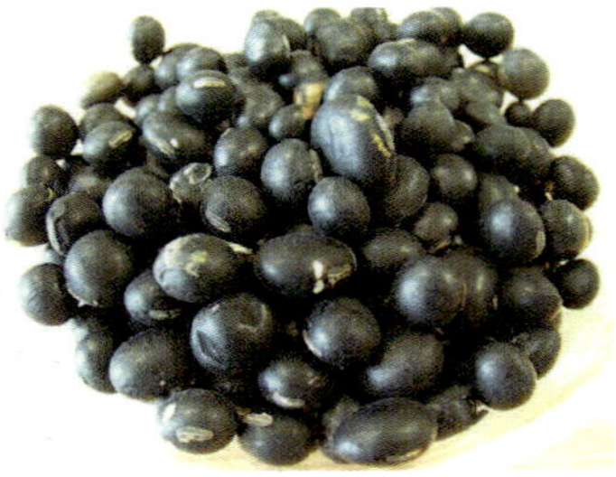

서리태 seoritae

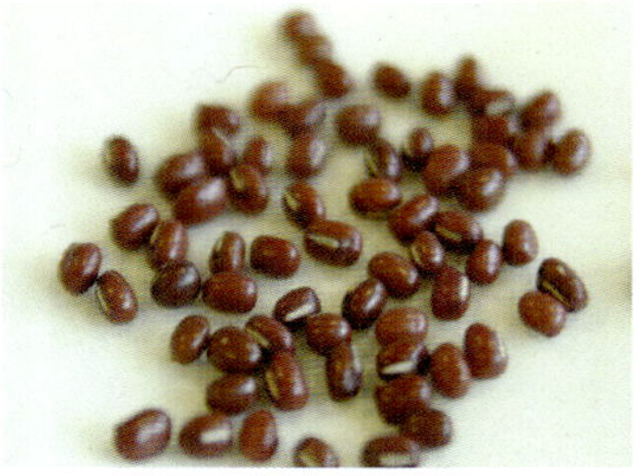

팥 pat

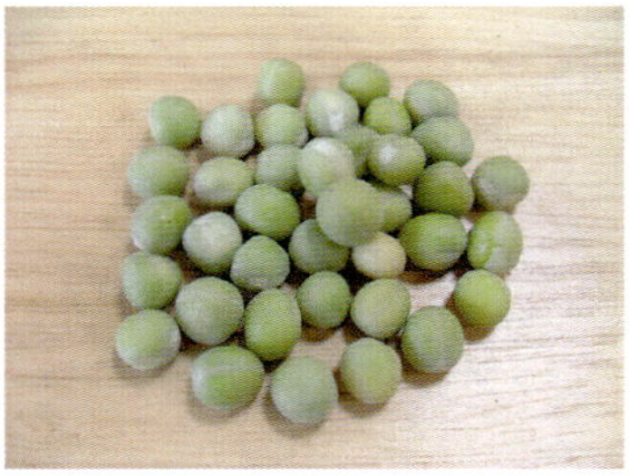

완두콩 wandukong

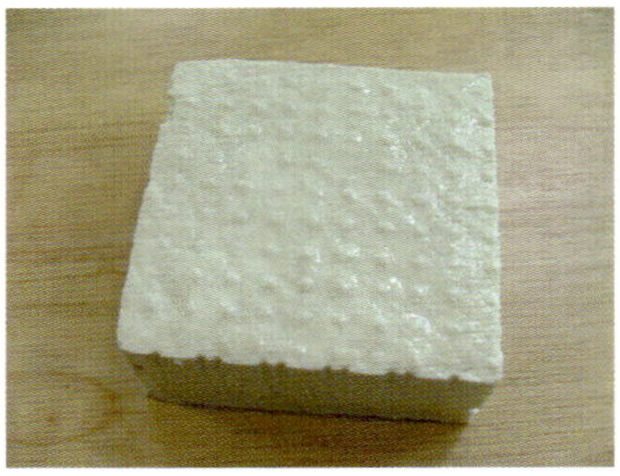

두부 dubu

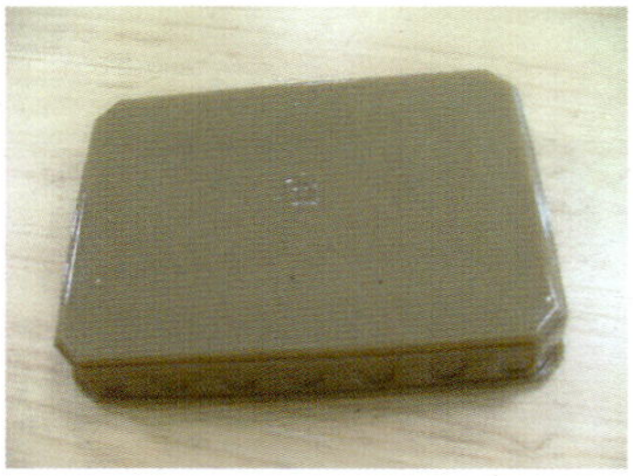

도토리묵 dotorimuk

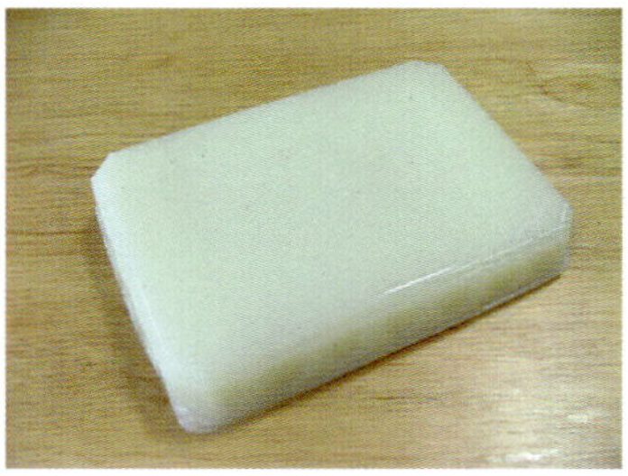

청포묵 cheongpomuk

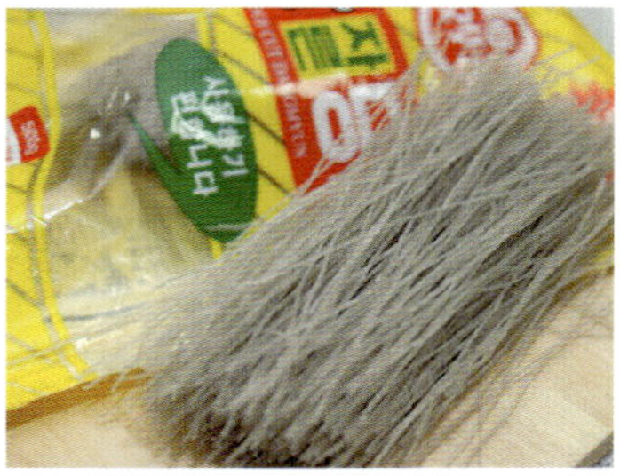

당면 dangmyeon

소면 somyeon

가래떡 karaettek

2. 해물 — Seafood

꽃게 kkotge

고등어 godeungeo

코다리 kodari

동태 dongtae

새우 saewu

오징어 ojingeo

전복 jeonbok

모시조개 mosijogae

바지락 bajirak

미더덕 mideodeok

황태포 hwangtaepo

황태채 hwangtaechae

국물멸치 kukmulmyeolchi

중간멸치 jungganmyeolchi

지리멸치 jirimyeolchi

마른새우 mareunsaewu

다시마 dasima

미역 miyeok

김 kim

3. 채소 — Vegetable

무 mu

배추 baechu

열무 yeolmu

알타리 altari

갓 kat

표고버섯 pyogobeoseot

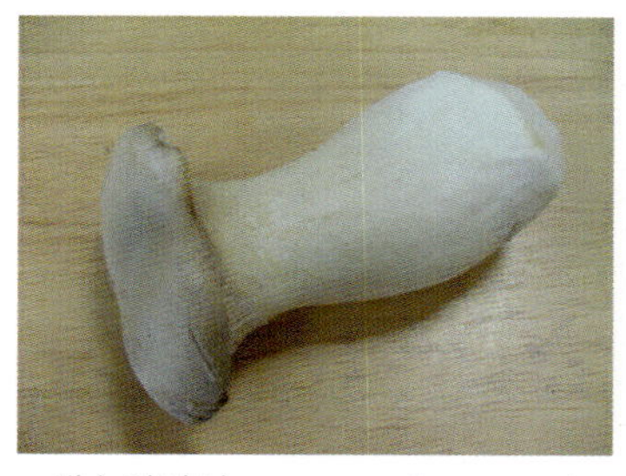

새송이버섯 saesongibeoseot

느타리버섯 neutaribeoseot

양송이버섯 yangsongibeoseot

팽이버섯 pyaeibeoseot

콩나물 kongnamul

숙주나물 sukjunamul

시금치 sikeumchi

청오이 cheongoi

애호박 aehobak

늙은호박 neuleunhobak

단호박 danhobak

미나리 minari

깻잎 kkaetip

꽈리고추 kkwarikochu

연근 yeongeun

부추 buchu

대파 daepa

쪽파 jjukpa

마늘쫑 maneuljjong

4. 육류 — Meat

사태 satae

갈비 galbi

등심 deungsim

안심 ansim

불고기 bulgogi

삼겹살 samgyeobsal

돼지갈비 dwaejigalgi

닭안심 dakansim

닭날개 daknalgae

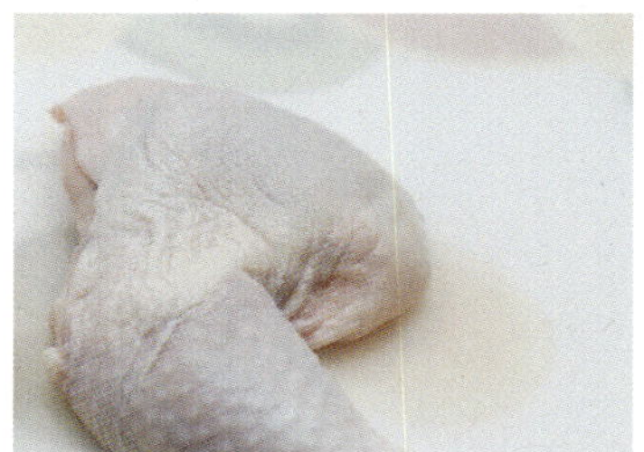

닭다리 dakdari

5. 과일 및 견과류 — Fruit and Nut

사과 sagwa

배 bae

귤 gyul

포도 podo

곶감 kotkam

대추 daechu

잣 jat

밤 bam

은행 eunhaeng

호두 hodu

된장 doenjang

고추장 kochujang

고춧가루 kochukaru

간장 kanjang

설탕 seoltang

소금 sokeum

물엿 mulyeot

통깨 tongkkae

참기름 chamkileum

흑임자 heukimja

새우젓 saeujeot

㈜시너지온 엠쿠킹

■ 조항수
엠쿠킹은 10여 년간 요리를 통한 다양한 비즈니스모델을 창출하고 2,000여 가지의 요리레시피 개발과
800여 개의 온라인 요리VOD콘텐츠 개발을 통해 현재 5개 국어로 번역되어 다국어 온라인 지원시스템
을 갖추었고 레시피 영양분석 프로그램인 메디쿠킹(Medi Cooking)프로그램, 신개념 요리학습게임 Test
& Game(T&G)개발(특허 제10-0971400) 등 새로운 요리 관련 콘텐츠 개발에 앞장서고 있습니다.
2009년부터 전라남도 다문화가정을 위한 온라인 요리강좌 사이트를 운영하여 다문화가정의 복지사업
에 함께하고 있습니다.

■ 요리개발
박순길, 류옥자, 고미예, 한희원

■ 사진촬영
추수진, 좌찬영, 방현정

다문화가정을 위한 요리책 -1

온가족이 즐거운
한국밥상

초판발행   2011년 8월 25일
초판 4쇄   2019년 1월 11일

지은이   (주)시너지온 엠쿠킹
펴낸이   채종준
기 획   권성용
편집디자인   김은정
표지디자인   장보련

펴낸곳   한국학술정보(주)
주 소   경기도 파주시 교하읍 문발리 파주출판문화정보산업단지 513-5
전 화   031) 908-3181(대표)
팩 스   031) 908-3189
홈페이지   http://ebook.kstudy.com
E-mail   출판사업부 publish@kstudy.com
등 록   제일산-115호(2000.6.19)

I S B N   978-89-268-2130-5 14590 (Paper Book)
            978-89-268-2131-2 18590 (e-Book)

이담 books 는 한국학술정보(주)의 지식실용서 브랜드입니다.